cream tea

英倫風 手繪感可愛刺繡**500**選

Contents

愛麗絲夢遊仙境
p.24-25

倫敦人的日常生活
p.26-27

奇幻的異想世界
p.28-29

英式花園
p.30-31

可愛的徽章圖案
p.32-33

王冠 & 鑽冕
p.34-35

蒸汽龐克
p.36-37

古典芭蕾
p.38-39

繡出你的倫敦印象！

找到喜歡的圖案，就立刻繡出來！
不論是作成物品裝飾，或穿搭服飾的點綴，都由你自由決定。

作成不織布胸針，
就是簡單時髦的吸睛焦點。
Stitch … p.22

※胸針的製作方法參見p.80。

提到倫敦，
一定會想到衛兵！
Stitch … p.9

融入空間布置中，
不著痕跡地展示原創微章。
Stitch … p.33

在外出冬裝上
閃閃☆發亮的寶石。
Stitch … p.34

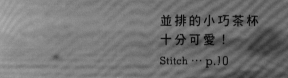

並排的小巧茶杯
十分可愛！
Stitch … p.10

繡上代表個人的英文花體字，
標記自己專屬的衣架防塵套。

Stitch … p.17

※英文字母使用731色號的繡線。

以倫敦塔的衛兵
Beefeater為主題的圖案。
Stitch ⋯ p.15

下雨也是
倫敦的代表性風情。
Stitch ⋯ p.27

將小布包繡上
吸睛的倫敦巴士♪
Stitch ⋯ p.21

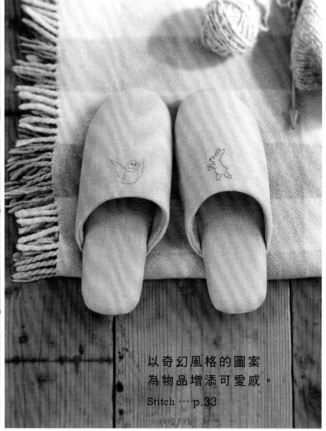

以奇幻風格的圖案
為物品增添可愛感。
Stitch ⋯ p.33

※英文字使用739色號的繡線。

倫敦大騒動

How to Stitch … p.48-49　　Design & Stitch … ロッテリコ

古董餐具

How to Stitch ···p.50   Design & Stitch ··· 北村絵里

倫敦之雨

How to Stitch ⋯ p.51　　Design & Stitch ⋯ 北村絵里

古典服裝

How to Stitch ⋯ p.52-53   Design & Stitch ⋯ 石井寬子

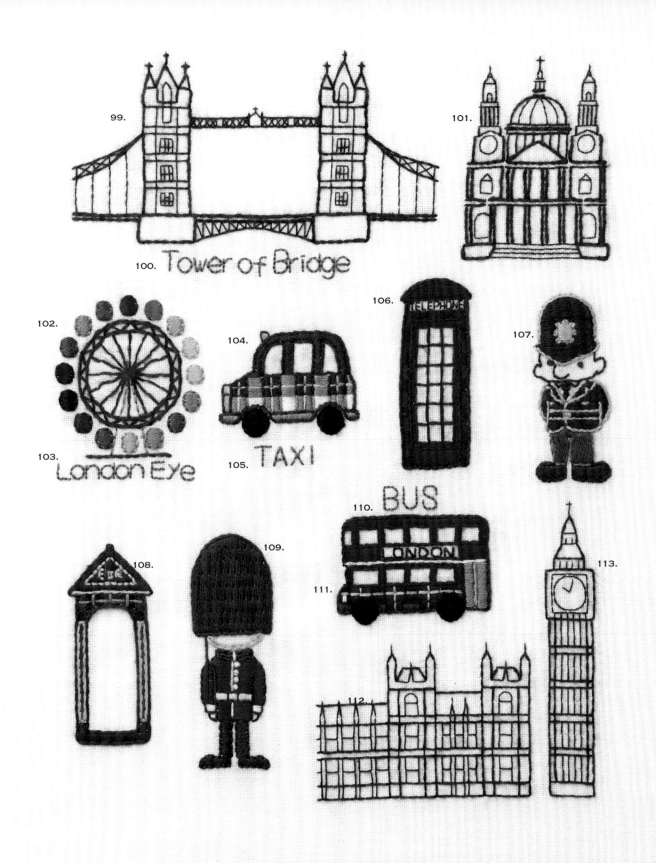

99.
101.
100. Tower of Bridge
102.
103. London Eye
104.
105. TAXI
106.
107.
108.
109.
110. BUS
111.
112.
113.

倫敦街景＆傳統服飾

How to Stitch ⋯ p.54-55   Design & Stitch ⋯ Nitka

114.

115.

116.

117.

Bear
118.

119.

120.

Tower of London
121.

122.

123.

124.

Tea
125.

126.

127.

128.

129.

130.

131.

132.

133.

134.

古典風格英文花體字

How to Stitch ⋯ p.56-57   Design & Stitch ⋯ 笹尾多惠

150.

151.

152.

153.

154.

155.

156.

157.

158.

159.

160.

161.

162.

163.

Parks in London

倫敦公園景緻

How to Stitch … p.58-59　　Design & Stitch … 渡部友子

180.

181.

182.

183.

184.

185.

186.

187.

188.

189.

190.

191.

192.

19

193. LONDON
194.
BIG BEN
201.
202.
195.
197.
198.
200.
196.
199. HYDE PARK
203.
204.
206.
Buckingham
205. Palace
cream tea
207.
208.
209.
210.
211.
212.
The Abbey
213.
214.

215. LIBERTY

216.

217.

218.

219. BRITISH MUSEUM

220. MARKET

221.

222.

223.

224. LONDON EYE

225. TATE Modern

226.

227. TOWER BRIDGE

228.

229.

230.

231.

232. LONDON BUS

233.

234.

235.

236.

237.

239.

238.

240.

241.

242.

243.

244.

245.

246.

247.

經典時尚潮流

How to Stitch ···p.62-63　　　Design & Stitch ··· 岡村奈緒

248.

249.

250.

251.

ROUGH RECORD

252.

253.

254.

255.

256.

257.

258.

259.

260.

261.

262.

愛麗絲夢遊仙境

How to Stitch … p.64-65　Design & Stitch … ポコルテポコチル

276.

277.

278.

279.

280.

281.

282.

283.

284.

285.

DRINK ME

286.
287.
288.
289.
290.
291.
292.
293.
294.
295.
296.
297.
298.
299.
300.
301.
302.

倫敦人的日常生活

How to Stitch … p.66-67　　Design & Stitch … 成瀬やよい（つれび工房）

303.

304.

305.

306.

307.

308.

309.

310.

311.

312.

313.

314.

315.

316.

317.

318.

319.

320. BAKER STREET NW1 CITY OF WESTMINSTER

321.

322.

323.

324.

325. WIZARD

326.

327.

328.

329.

330. 9 $\frac{3}{4}$

331.

332.

333. CHERRYTREELANE

奇幻的異想世界

How to Stitch … p.68-69　　　Design & Stitch … おぐらみこ

334.

336.

337. marmalade

335.

please look
after this

338.

339.

341.

340.

343.
JACK

342.

LONDON

346.
HUNNY

HUMPTY
DUMPTY

344.

345.

347.

348.

英式花園

How to Stitch … p.70-71   Design & Stitch … 大角羊子

380.
381.
382.
383.
384.
385.
386.
387.
388.
389.
390.
391.
392.
393.
394.
395.

可愛的徽章圖案

How to Stitch ⋯ p.72-73   Design & Stitch ⋯ 中出沙織

396.

399.

397.

398.

400.

401.

402.

403.

404.

405.

406.

407.

408.

409.

410.

411.

412.

413.

414.

415.

416.

417.

418.

419.

420.

421.

422. St Edward Crown

423.

424.

425.

426.

王冠 & 鑽冕

How to Stitch … p.74-75   Design & Stitch … 笹尾多恵

427.

428.

429.

430.

431.

432.

433.

434.

The Crown Jewels

435.

436.

437.

439.

438.

440.

441.
442.
444.
447.
445.
446.
448.
443.
452.
449.
453.
451.
450.
454.
455.

蒸汽龐克

How to Stitch … p.76-77   Design & Stitch … ロッテリコ

456.

459.

461.

457.

460.

462.

458.

464.

463.

465.

467.

470.

466.

468.

469.

古典芭蕾

How to Stitch ··· p.78-79　　Design & Stitch ··· 大角羊子

486.

488.

490.

491.

489.

487.

493.

492.

494.

495.

496.

497.

498.

499.

500.

15 Basic Stitch

基本的 刺繡針法 15

在此熟悉本書使用的15種刺繡針法吧！

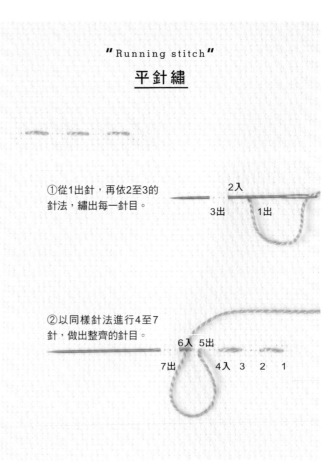

"Running stitch"

平針繡

①從1出針，再依2至3的針法，繡出每一針目。

2入
3出　1出

②以同樣針法進行4至7針，做出整齊的針目。

6入　5出
7出　4入　3　2　1

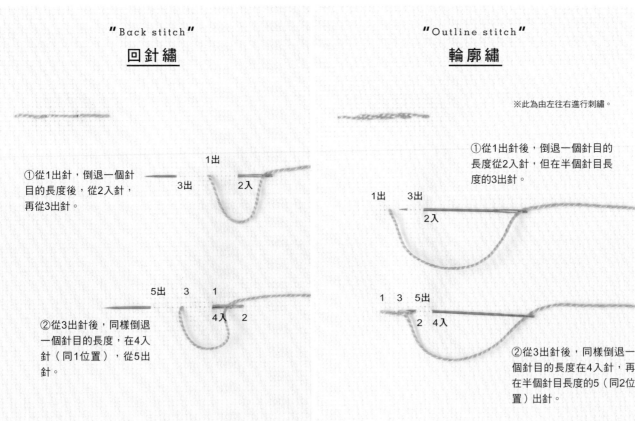

"Back stitch"

回針繡

①從1出針，倒退一個針目的長度後，從2入針，再從3出針。

1出
3出　2入

②從3出針後，同樣倒退一個針目的長度，在4入針（同1位置），從5出針。

5出　3　1
4入　2

"Outline stitch"

輪廓繡

※此為由左往右進行刺繡。

①從1出針後，倒退一個針目的長度從2入針，但在半個針目長度的3出針。

1出　3出
2入

②從3出針後，同樣倒退一個針目的長度在4入針，再在半個針目長度的5（同2位置）出針。

1　3　5出
2　4入

"Couching stitch"
釘線繡

※在此使用兩種不同色的繡線以便說明。
（視實際刺繡需求，也可能使用同色的繡線。）

①第一種顏色（主線）的線從A出針，先沿著圖案的線條走。第二種顏色（釘線）的線從1出針，在1的正下方2入針，再從3出針。

3出　1出
　　　A出
　　2入

B入　　　　5出 3　1　A
　　　　　　6入 4入 2

②持續以第二種顏色的釘線固定第一種顏色的主線。最後將第一種顏色的線在B入針。

"Chain stitch"
鎖鏈繡

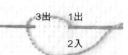

①從1出針＆在2（同1位置）入針後，從3出針。重點在於線要繞過針頭，朝上拔針。

3出　　1出
　　2入

②依相同方式進行第4至5針，同樣將線繞過針頭後朝上拔針。

5出　　3　1
　　4入　2

7出　5　　3　　　1
8入　6入　4　　　2

③最後在8（距7前方一點的位置）入針。

"Straight stitch"
直線繡

①從1出針，在2入針，即完成直線繡。

1出
2入

②接續進行直線繡時，針往前進方向移動，依相同方式在3出針，在4入針。

1　　3出
2　　4入

"French knot stitch"
法國結粒繡

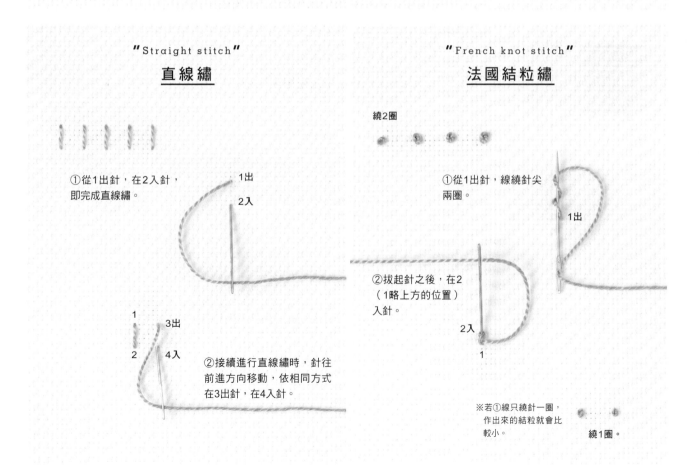

繞2圈

①從1出針，線繞針尖兩圈。

1出

②拔起針之後，在2（1略上方的位置）入針。

2入
1

※若①線只繞針一圈，作出來的結粒就會比較小。

繞1圈。

41

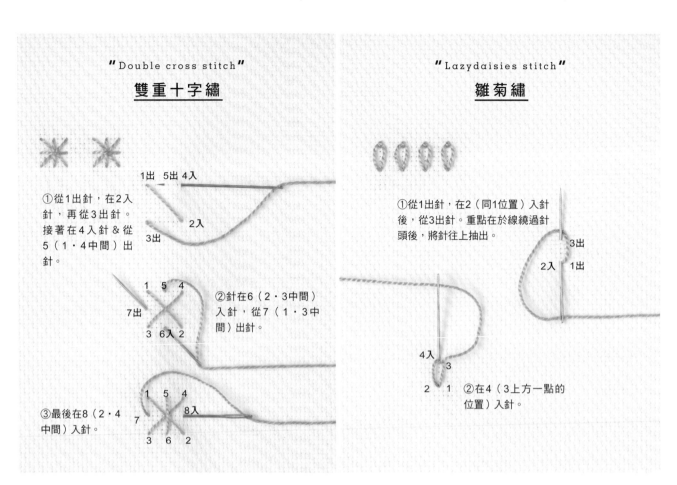

"Double cross stitch"

雙重十字繡

①從1出針，在2入針，再從3出針。接著在4入針＆從5（1・4中間）出針。

1出　5出　4入
3出　2入

②針在6（2・3中間）入針，從7（1・3中間）出針。

1　5　4
7出
3　6入　2

③最後在8（2・4中間）入針。

1　5　4
7　8入
3　6　2

"Lazydaisies stitch"

雛菊繡

①從1出針，在2（同1位置）入針後，從3出針。重點在於線繞過針頭後，將針往上抽出。

3出
2入　1出
4入
3
2　1

②在4（3上方一點的位置）入針。

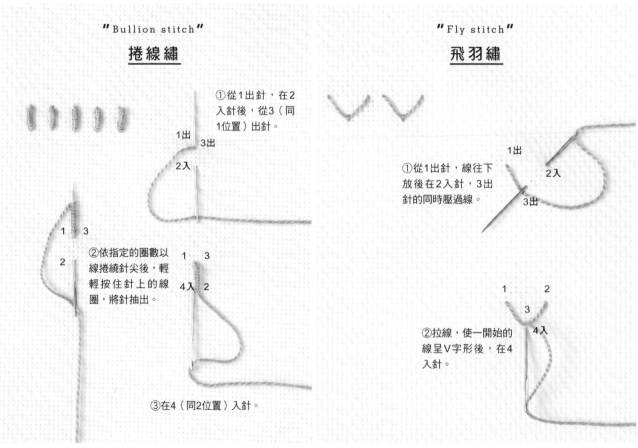

"Bullion stitch"

捲線繡

①從1出針，在2入針後，從3（同1位置）出針。

1出
3出
2入

1　3
2

②依指定的圈數以線捲繞針尖後，輕輕按住針上的線圈，將針抽出。

1　3
4入　2

③在4（同2位置）入針。

"Fly stitch"

飛羽繡

①從1出針，線往下放後在2入針，3出針的同時壓過線。

1出
2入
3出

②拉線，使一開始的線呈V字形後，在4入針。

1　2
3
4入

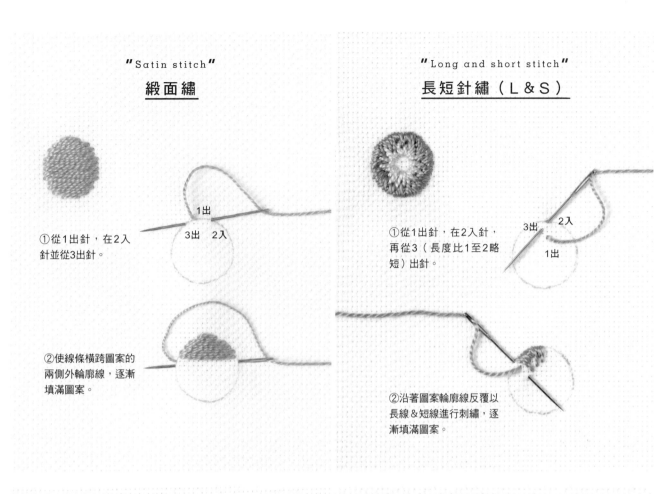

"Satin stitch"

緞面繡

①從1出針，在2入針並從3出針。

1出
3出　2入

②使線條橫跨圖案的兩側外輪廓線，逐漸填滿圖案。

"Long and short stitch"

長短針繡（L＆S）

①從1出針，在2入針，再從3（長度比1至2略短）出針。

3出　2入
1出

②沿著圖案輪廓線反覆以長線＆短線進行刺繡，逐漸填滿圖案。

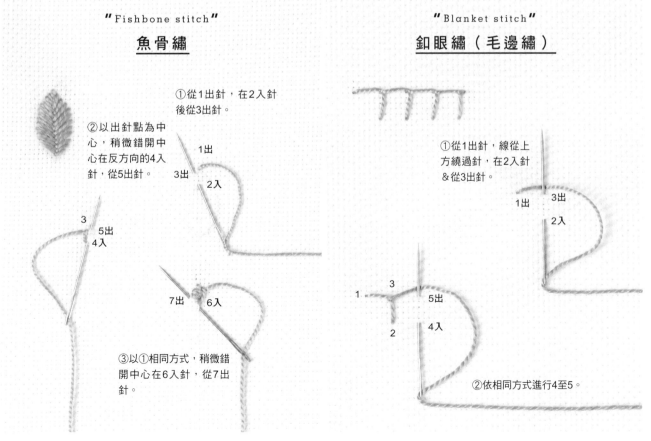

"Fishbone stitch"

魚骨繡

①從1出針，在2入針後從3出針。

1出
3出
2入

②以出針點為中心，稍微錯開中心在反方向的4入針，從5出針。

3
5出
4入

③以①相同方式，稍微錯開中心在6入針，從7出針。

7出　6入

"Blanket stitch"

釦眼繡（毛邊繡）

①從1出針，線從上方繞過針，在2入針＆從3出針。

1出　3出
2入

1
3
5出
2
4入

②依相同方式進行4至5。

開始刺繡之前

材料 & 工具

〔線〕

25號繡線

Shiny Reflector金屬繡線

手藝用金屬線

本書作品主要使用的25號繡線是以6股細線捻合而成，一束約8m長。刺繡時須依指定的股數，將繡線一股一股地抽出後再穿針使用。金屬繡線與25號相同，皆是由6股線組成。作法頁標示的繡線股數，代表要抽出幾股線。手藝用金屬線則僅有1股線，因此可以直接使用不須抽線。

標籤上的數字代表顏色編號，可供購買繡線時快速比對，因此在用完之前請先與繡線一起存放。

〔針〕

法國刺繡針

3號

5號

7號

刺繡針的針孔比一般的縫針大，以便較容易穿入繡線。進行法國刺繡時，選用尖頭的「法國刺繡針」，不論何種布料皆可順利縫繡。刺繡針有多種尺寸，號數越大代表越細。請配合繡線的股數挑選繡針。

〔剪刀〕

線剪　　　布剪

前端尖細的線剪是剪斷繡線時的好幫手。而一把鋒利的剪刀將可提昇作業效率，因此剪布時，建議使用專用布剪。

〔布 & 繡框〕

常用於刺繡的布料有棉、亞麻、羊毛布等多種材質，平織布是其中比較容易刺繡的好選擇。但若是剛開始接觸刺繡的新手，推薦使用布目整齊的專用繡布。並可搭配

繡框將布料撐至一定張力，使布目在刺繡過程中也不會歪斜 & 讓刺繡穿針更加順利，成品繡圖自然就會整齊又漂亮。

複寫圖案

① 將單面布用複寫紙放在要刺繡的布料上，複寫面朝下。

② 將畫好圖案的描圖紙放在步驟①複寫紙上，再放上玻璃紙。玻璃紙除了可以使描圖過程更加平順，還可以保護圖案紙以便重複使用。

③ 以鐵筆或細原子筆等工具從玻璃紙上描摹圖案。為了使複寫的圖案清晰可見，請稍微加重描圖的力道。

④ 圖案複寫完成。若覺得線條太淡，以細的記號筆或記號鉛筆補畫線條。

25號繡線的使用方法

① 一手輕輕握住繡線的標籤，另一手拉出線頭，剪成方便使用的長度（40至50cm）。

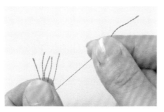

② 一次抽一股線，取需要的股數一起穿針後使用。即使指定使用6股線，也一定要一一抽出，再將6股線重新整理在一起。

③ 穿針時，先以手指捏住線頭，然後把線掛在針上，作出對摺的摺痕。

④ 以手指按住＆壓平線圈端，穿過針孔。

刺繡的開始＆結束

〔 開始刺繡 〕

先不打結，在遠離圖案的布料正面入針。留下線頭後先粗縫個1至2針，然後在開始刺繡的位置出針。一開始的線則留待最後再拉至布料背面收尾。

〔 結束刺繡 〕

背面

面的刺繡
緞面繡等

刺繡結束後在布料背面出針，然後將針穿過刺繡圖案的繡線之間，來回穿縫一至兩遍後，將線剪斷。起始的繡線端也以相同方式進行收尾。

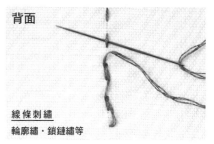

背面

線條刺繡
輪廓繡・鎖鏈繡等

刺繡結束後在背面出針，將針穿過最後一個針目，穿繞該針目約四至五次，最後回一針目後剪線。始繡的線端也以相同方式進行收尾。

刺繡圖案的正面＆背面

收拾線頭線尾的時候，注意不要影響到正面的圖案呈現。
有時從正面就能穩約看到背面的線段，
因此就算將繼續使用相同顏色的繡線，但若兩個圖案稍有距離，
仍須視情況決定拉單線移動至下一個刺繡區塊，或直接剪線重新開始刺繡。

〔正面〕　　　　　　　　〔背面〕

p.9

p.15

p.18

〔繡線股數〕　抽出指定股數的25號繡線，順線＆穿針後再開始刺繡。

1股線

2股線

3股線

4股線

5股線

6股線

〔刺繡表現〕　即便繡法相同，但依繡線股數＆繞線的次數，將使成品的表現呈現變化。
　　　　　　　在此以線條、結粒、填面的繡法舉例介紹，
　　　　　　　以此為參考，你也可以依自己的想法重新改編繡圖風格。

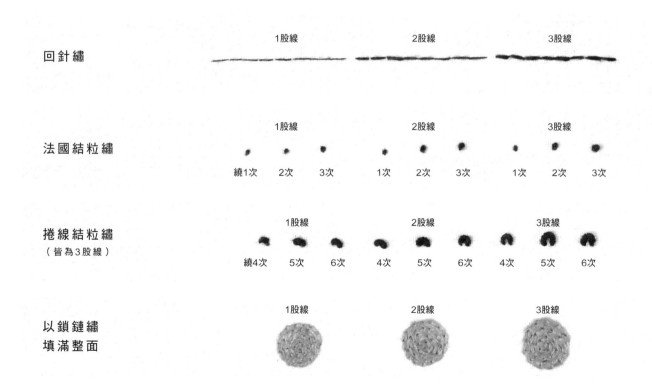

回針繡　　　　1股線　　　　2股線　　　　3股線

法國結粒繡　　1股線　　　　2股線　　　　3股線

繞1次　2次　3次　　1次　2次　3次　　1次　2次　3次

捲線結粒繡　　1股線　　　　2股線　　　　3股線
（皆為3股線）

繞4次　5次　6次　　4次　5次　6次　　4次　5次　6次

以鎖鏈繡　　　1股線　　　　2股線　　　　3股線
填滿整面

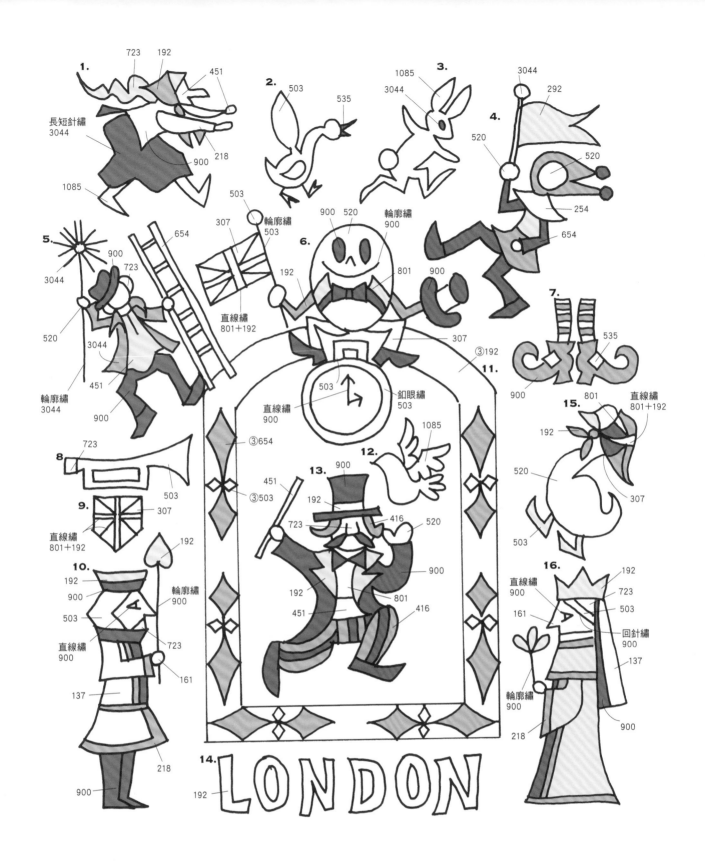

倫敦大騷動

Photo … p.8-9

17. 3044 712 254 122 722 161 254 561 654 2041

18. 654 鎖鏈繡 654 直線繡 122+801 122 316 鎖鏈繡316 直線繡 316 307

19. 561 451 直線繡 1085 1085 137 561

21. 712 回針繡 900 25. 292 2041 503 2041 3044 **24.** 900 712 161 **22.** 3044 451 654 561 **27.** 654 輪廓繡 122 3044 回針繡316 161 2041 561 長短針繡 722 561 654 122 122

20. 3044 503 520 137 釘線繡484 900 **23.** 292 2041 **26.** 722 245 254 1085

28. 316 161 520 157 900 712 561 292 451 **29.** 316 561 **30.** 561 122 **31.** 254 **32.** 254 **34.** 122 輪廓繡 122 **33.** 輪廓繡 122 122 654 **35.** 122 釦眼繡 654 **36.** **37.** 3044 137 561 161 2041 654 直線繡 292 254 122 712 3044

※鋼琴鍵盤：以1085・122・1703・2041・245・254・316・503・654共9種顏色隨意刺繡。

數字代表繡線色號。○內數字為指定的繡線股數，除此之外皆取2股線刺繡。
若無特別指定填滿圖案區塊的針法，皆以緞面繡進行。

38.
雛菊繡
③344
③487
③434
344
344
190
法國結粒繡344
以輪廓繡填滿
③434
直線繡
①900
法國結粒繡③522（繞3次）

39.
鎖鏈繡487
以輪廓繡填滿
③169
以輪廓繡填滿
③140
③140

40.
雛菊繡③3044
487
3044

41.
③487
鎖鏈繡
③564
③564

42.
487
③393
法國結粒繡393
731
393

43.
③564
487
法國結粒繡
190

44.
487
358
雛菊繡
358
鎖鏈繡358

45.
③487
900
③737
直線繡
③737＋
縱向直線繡
①900

46.
以輪廓繡填滿
③486
900
③486

47.
383
358
③383
③383×2列

48.
③3044
③343

49.
344
344
487
法國結粒繡
358
358

50.
487
486
486
法國結粒繡
直線繡486

51.
487
雛菊繡
393
393
393

52.
487
190

53.
487
564 564
法國結粒繡
564

古董餐具

Photo … p.10

數字代表繡線色號。○內數字為指定的繡線股數，除此之外皆取2股
線刺繡。若無特別指定針法，皆依循以下通用原則：以輪廓繡繡製線
條、以緞面繡填滿圖案區塊、法式結粒繡皆繞2次。

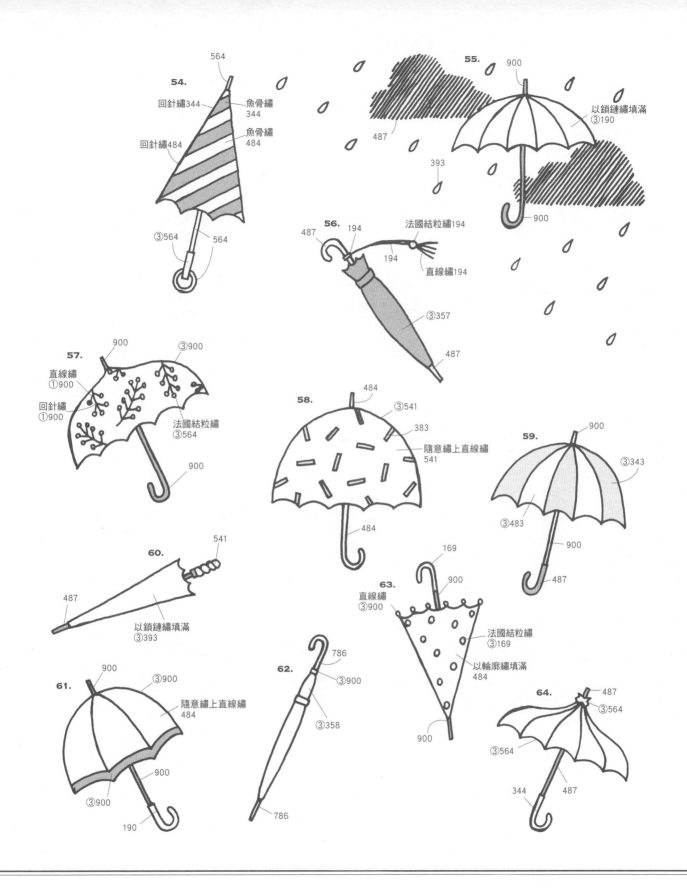

54.
564
回針繡344
魚骨繡 344
回針繡484
魚骨繡 484
③564
564

55.
900
487
393
以鎖鏈繡填滿 ③190
900

56.
487
194
法國結粒繡194
194
直線繡194
③357
487

57.
900
③900
直線繡 ①900
回針繡 ①900
法國結粒繡 ③564
900

58.
484
③541
383
隨意繡上直線繡 541
484

59.
900
③343
③483
900
487

60.
541
487
以鎖鏈繡填滿 ③393

61.
900
③900
隨意繡上直線繡 484
900
③900
190

62.
786
③900
③358
786

63.
169
900
直線繡 ③900
法國結粒繡 ③169
以輪廓繡填滿 484
900

64.
487
③564
③564
344
487

倫敦之雨

Photo … p.11

數字代表繡線色號。○內數字為指定的繡線股數,除此之外皆取2股
線刺繡。若無特別指定針法,皆依循以下通用原則:以輪廓繡繡製線
條、以緞面繡填滿圖案區塊、法式結粒繡皆繞3次。

古典服裝

Photo … p.12-13

數字代表繡線色號。〇內數字為指定的繡線股數，除此之外皆取2股
線刺繡。若無特別指定針法，皆依循以下通用原則：以回針繡繡製
線條、以緞面繡填滿圖案區塊、法式結粒繡皆繞2次。L＆S＝長短針
繡。

53

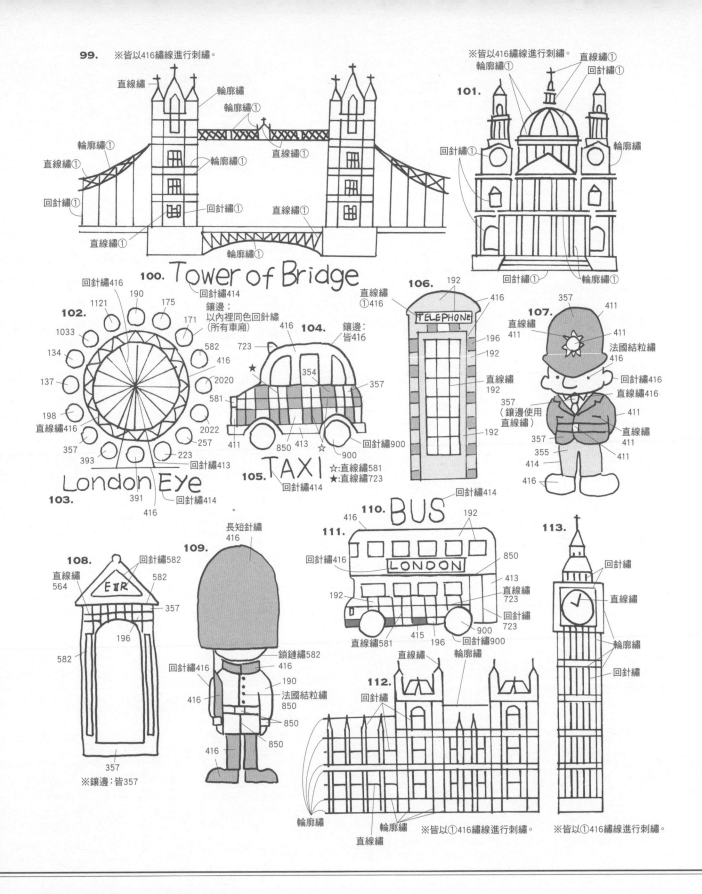

99.　※皆以416繡線進行刺繡。

直線繡①
輪廓繡
輪廓繡①
輪廓繡①
直線繡①
輪廓繡①
直線繡①
輪廓繡①
回針繡①
回針繡①
直線繡①
直線繡①
輪廓繡①

Tower of Bridge
100.

※皆以416繡線進行刺繡。
101.
輪廓繡①
直線繡①
回針繡①
輪廓繡
回針繡①
回針繡①　輪廓繡①

102.
回針繡416
1121　190　175
1033　　　　171
134
137
198
直線繡416
357
393
103.
391
416
582
416
2020
581
2022
257
223
回針繡413
回針繡414
London Eye

回針繡414
鑲邊：
以內裡同色回針繡
(所有車廂)

104.
鑲邊：
皆416
416
723
★
354
357
411　850　413　☆
900
105.　TAXI
回針繡414
☆:直線繡581
★:直線繡723

106.　192
TELEPHONE
416
196
192
直線繡
192
357
(鑲邊使用
直線繡)
192
回針繡414

直線繡
①416

107.
357
411
直線繡
411
411
法國結粒繡
416
回針繡416
直線繡416
411
直線繡
411
357
355
414
416

108.
直線繡
564
回針繡582
582
EIIR
357
196
582
357
※鑲邊：皆357

109.
長短針繡
416
鎖鏈繡582
416
190
法國結粒繡
850
回針繡416
416
850
850
416

110.　BUS　192
111.
回針繡416
416
850
LONDON
413
直線繡
723
192
回針繡
723
直線繡581　415　196　回針繡900
900

112.
回針繡
直線繡　輪廓繡
輪廓繡
輪廓繡
直線繡
※皆以①416繡線進行刺繡。

113.
回針繡
直線繡
輪廓繡
回針繡
※皆以①416繡線進行刺繡。

倫敦街景＆傳統服飾

Photo … p.14-15

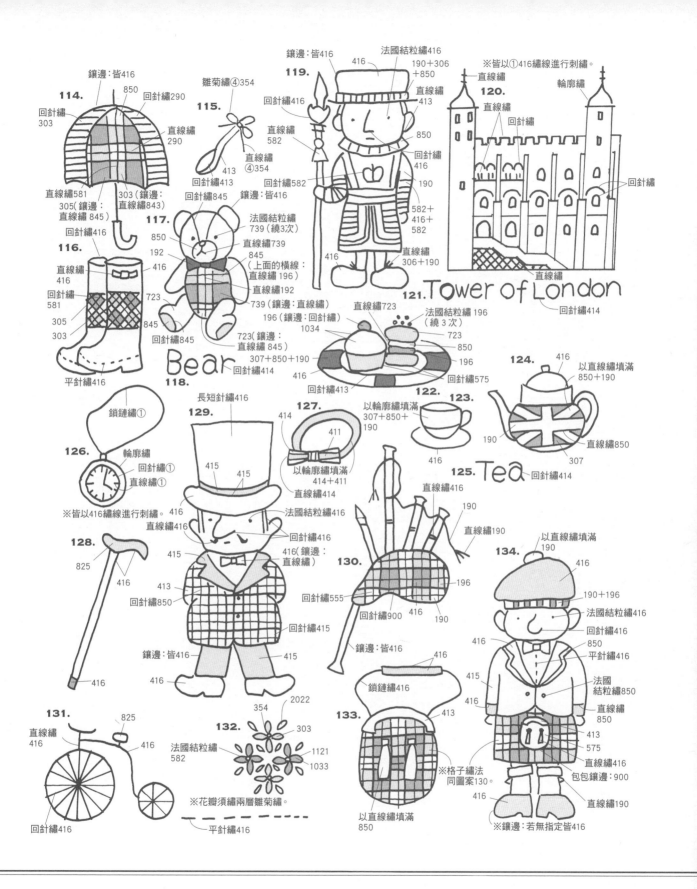

數字代表繡線色號。○內數字為指定的繡線股數，除此之外皆取2股線刺繡。若無特別指定針法，皆依循以下通用原則：以輪廓繡繡製線條、以緞面繡填滿圖案區塊、法式結粒繡皆繞2次。蘇格蘭格紋的方格線皆以同色繡線進行直線繡。

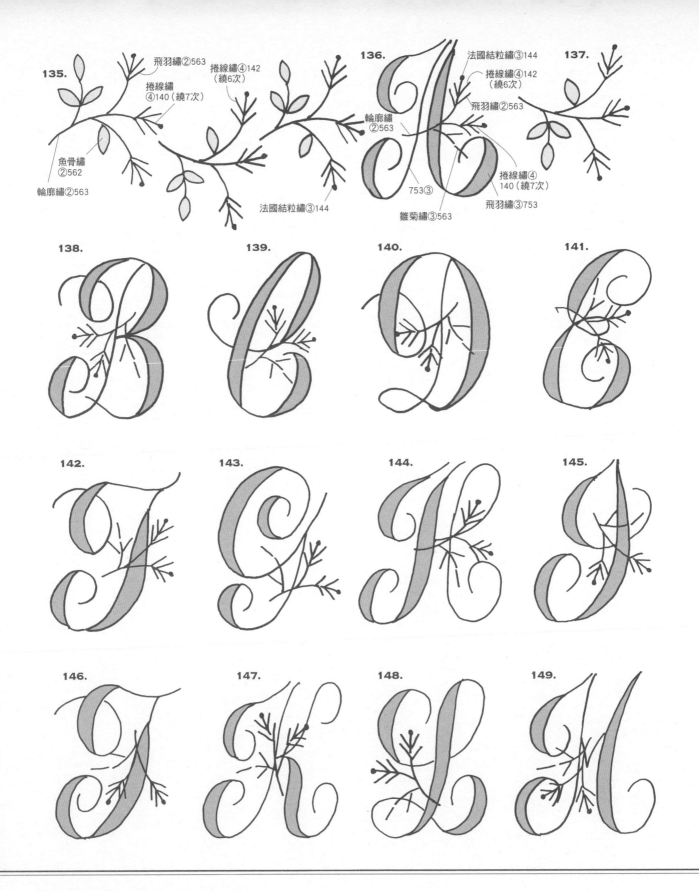

135.

飛羽繡②563

捲線繡④142
（繞6次）

捲線繡
④140（繞7次）

魚骨繡
②562

輪廓繡②563

法國結粒繡③144

136.

法國結粒繡③144

捲線繡④142
（繞6次）

飛羽繡②563

輪廓繡
②563

753③

捲線繡④
140（繞7次）

雛菊繡③563

飛羽繡③753

137.

138.

139.

140.

141.

142.

143.

144.

145.

146.

147.

148.

149.

古典風格英文花體字

Photo … p.16-17

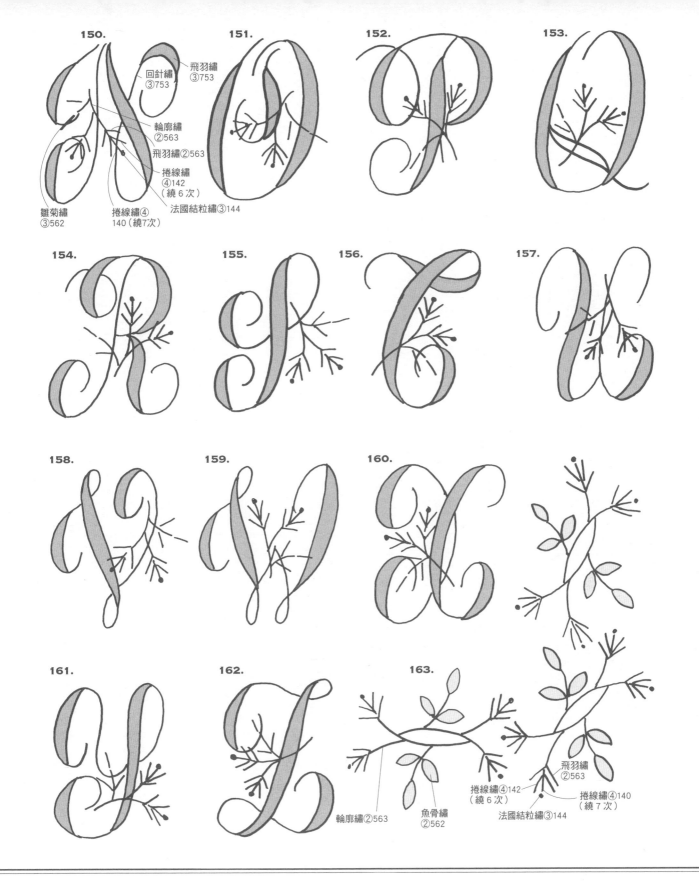

150.

飛羽繡
③753

回針繡
③753

輪廓繡
②563

飛羽繡②563

捲線繡
④142
（繞6次）

雛菊繡
③562

捲線繡④
140（繞7次）

法國結粒繡③144

151.

152.

153.

154.

155.

156.

157.

158.

159.

160.

161.

162.

163.

輪廓繡②563

魚骨繡
②562

飛羽繡
②563

捲線繡④142
（繞6次）

法國結粒繡③144

捲線繡④140
（繞7次）

數字代表繡線色號。○內數字為指定的繡線股數。法式結粒繡皆繞2次。

57

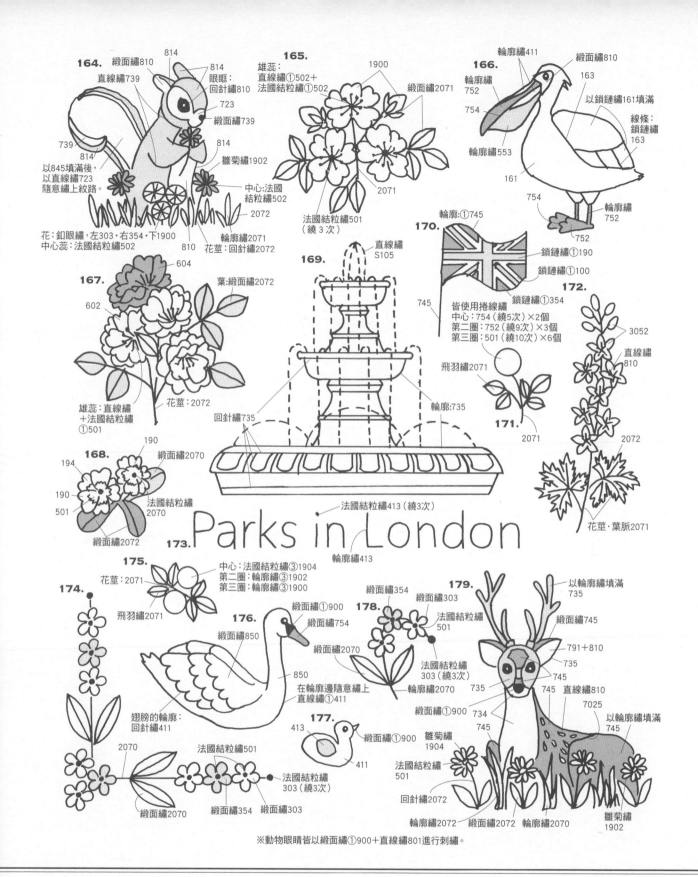

164. 緞面繡810

814

814

眼眶:
回針繡810

直線繡739

緞面繡739

723

739

814

814

雛菊繡1902

739

以845填滿後,
以直線繡723
隨意繡上紋路。

2072

花:釦眼繡,左303‧右354‧下1900
中心蕊:法國結粒繡502

輪廓繡2071
810

花莖:回針繡2072

165.

雄蕊:
直線繡①502+
法國結粒繡①502

1900

緞面繡2071

緞面繡2071

2071

中心:法國
結粒繡502

法國結粒繡501
(繞3次)

166.

輪廓繡411

緞面繡810

輪廓繡752

163

754

以鎖鏈繡161填滿

線條:
鎖鏈繡163

輪廓繡553

161

754

752

752

輪廓繡752

167.

604

602

葉:緞面繡2072

花莖:2072

雄蕊:直線繡
+法國結粒繡
①501

169.

直線繡
S105

回針繡735

法國結粒繡413(繞3次)

輪廓繡413

170.

輪廓:①745

745

鎖鏈繡①190

鎖鏈繡①100

鎖鏈繡①354

皆使用捲線繡
中心:754(繞5次)×2個
第二圈:752(繞9次)×3個
第三圈:501(繞10次)×6個

飛羽繡2071

輪廓:735

171.

2071

172.

3052

直線繡
810

2072

花莖‧葉脈2071

168.

194

緞面繡2070

190

190

法國結粒繡
2070

501

緞面繡2072

Parks in London

173.

174.

175.

花莖:2071

飛羽繡2071

中心:法國結粒繡③1904
第二圈:輪廓繡③1902
第三圈:輪廓繡③1900

176.

緞面繡①900

緞面繡754

緞面繡850

850

緞面繡2070

在輪廓邊隨意上
直線繡①411

翅膀的輪廓:
回針繡411

177.

413

緞面繡①900

411

2070

法國結粒繡501

法國結粒繡
303(繞3次)

緞面繡2070

緞面繡354

緞面繡303

178.

緞面繡354

緞面繡303

法國結粒繡
501

法國結粒繡
303(繞3次)

輪廓繡2070

雛菊繡
1904

法國結粒繡
501

回針繡2072

輪廓繡2072

179.

以輪廓繡填滿
735

緞面繡745

791+810

735

745

735

直線繡810

745

734

7025

緞面繡①900

745

以輪廓繡填滿
745

緞面繡2072

輪廓繡2070

雛菊繡
1902

※動物眼睛皆以緞面繡①900+直線繡801進行刺繡。

倫敦公園景緻

Photo … p.18-19

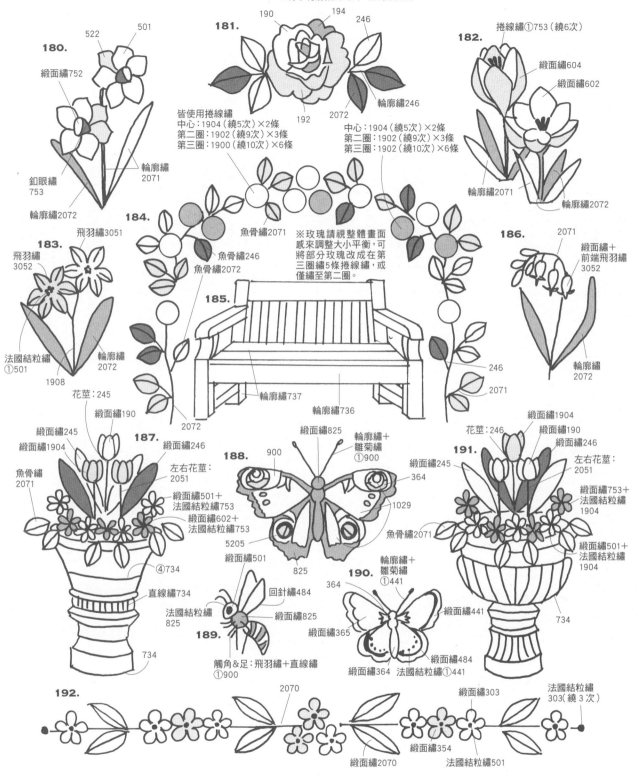

※除了特別指定之外,皆為緞面繡。

180.
522
501
緞面繡752
釘眼繡 753
輪廓繡2072
輪廓繡2071

181.
190
194
246
輪廓繡246
192
2072
皆使用捲線繡
中心:1904(繞5次)×2條
第二圈:1902(繞9次)×3條
第三圈:1900(繞10次)×6條

中心:1904(繞5次)×2條
第二圈:1902(繞9次)×3條
第三圈:1902(繞10次)×6條

182.
捲線繡①753(繞6次)
緞面繡604
緞面繡602
輪廓繡2071
輪廓繡2072

183.
飛羽繡3052
飛羽繡3051
法國結粒繡①501
1908
花莖:245
緞面繡190
輪廓繡2072

184.
魚骨繡2071
魚骨繡246
魚骨繡2072
2072

※玫瑰請視整體畫面感來調整大小平衡,可將部分玫瑰改成在第三圈繡5條捲線繡,或僅繡至第二圈。

185.
輪廓繡737
輪廓繡736

186.
2071
緞面繡+前端飛羽繡3052
花莖:246
輪廓繡2072
246
2071

187.
緞面繡245
緞面繡1904
魚骨繡2071
緞面繡246
左右花莖:2051
緞面繡501+法國結粒繡753
緞面繡602+法國結粒繡753
④734
直線繡734
734

188.
900
緞面繡825
輪廓繡+雛菊繡①900
364
1029
魚骨繡2071
5205
825

189.
緞面繡501
法國結粒繡825
回針繡484
緞面繡825
觸角&足:飛羽繡+直線繡①900

190.
輪廓繡+雛菊繡①441
364
緞面繡441
緞面繡365
緞面繡484
緞面繡364 法國結粒繡①441

191.
緞面繡1904
緞面繡190
緞面繡245
緞面繡246
左右花莖:2051
緞面繡753+法國結粒繡1904
緞面繡501+法國結粒繡1904
734

192.
2070
緞面繡303
法國結粒繡303(繞3次)
緞面繡2070
緞面繡354
法國結粒繡501

數字代表繡線色號。○內數字為指定的繡線股數,除此之外皆取2股線刺繡。全部線條皆使用輪廓繡。若無特別指定針法,皆依循以下通用原則:以長短針繡填滿圖案區塊、法式結粒繡皆繞2次。

193. LONDON

655

194.

195. 190

127

277

直線繡231

175

輪廓繡 231

196.

法國結粒繡304

229

441

197.

以鎖鏈繡①274填滿

441

法國結粒繡582

雛菊繡143

L&S265

199. HYDE PARK

655

198. 801

釘線繡1053

415

L&S 441

釘線繡190

265

L&S316+ 直線繡581

以鎖鏈繡 填滿441

200. 546

815

L&S441

441

釘線繡801

366

441

265

L&S 1053

201. 法國 結粒繡516 845

BIG BEN

法國結粒繡516

雛菊繡 516

雛菊繡 581

直線繡 845

L&S316

202.

鎖鏈繡 581

釘線繡316

法國 結粒繡 516

直線繡 ①416

①416

釘線繡845

203. 815

441

直線繡546

441

815

直線繡 815

175

441

L&S175

法國結粒繡 441

直線繡 441

直線繡 546

法國結粒繡 546 (繞1次)

815

L&S582

204. 814

366

814

直線繡 416

以鎖鏈繡填滿 ①485

206.

485

L&S604

188

231

直線繡485

365

以鎖鏈繡 填滿①516

雛菊繡843

雛菊繡316

Buckingham

205. Palace

緞面繡801+ 直線繡①485

416

直線繡 416

212.

213. 843

342

316

cream tea

207. tea 188

655

208. 輪廓繡 485

842

655

525

209. 175

3835

211. 485

210. 514

274

以鎖鏈繡填滿503

3835

L&S274

815

316

The Abbey

127 **214.**

L&S485

L&S415

815

平針繡342

倫敦景點地圖

Photo … p.20-21

215. LIBERTY

216.

217.

218.

219. BRITISH MUSEUM

220. MARKET

221.

222.

223.

224. LONDON EYE

225.

226. TATE Modern

227.

228.

229.

230.

231.

232. LONDON BUS

233.

234.

TOWER BRIDGE

215. LIBERTY
127
216. 737 755 737 以輪廓繡填滿416
737 416
745
以鎖鏈繡填滿 845 直線繡127
721 L&S277

217. 737 845
316 767
316
法國結粒繡767
釘線繡767

218. 582
直線繡①801
485
L&S441
①801
雛菊繡316
845
142
514 231
721

219. 655
582
416 274 釘線繡274
304 輪廓繡845
581 416
直線繡416

220.

221. 514
以鎖鏈繡填滿503
連續繡出法國結粒繡514
直線繡+緞面繡316
直線繡815

222. 平針繡342
845

223. 485
釘線繡①485
485
225. 205
843
L&S652
以輪廓繡填滿582
L&S485
745
224. 277
229. 304
230. 釘線繡①485
釘線繡581
L&S127
801
546
以鎖鏈繡填滿229
L&S416+直線繡①801

225. 鎖鏈繡342
188
767
416
226. 655

227. 316 直線繡316
655
直線繡316
316 直線繡316
釘線繡485
輪廓繡342

228. 直線繡815
815
輪廓繡316

231. 190 441 441以直線繡填滿
441
L&S441
以鎖鏈繡填滿190
232. 277

233. 485
直線繡365
441
輪廓繡277
L&S231
234.
L&S274
釘線繡365

數字代表繡線色號。○內數字為指定的繡線股數,除此之外皆取2股線刺繡。若無特別指定針法,皆依循以下通用原則:以回針繡繡製線條、以緞面繡填滿圖案區塊、法式結粒繡皆繞2次。L&S=長短針繡。

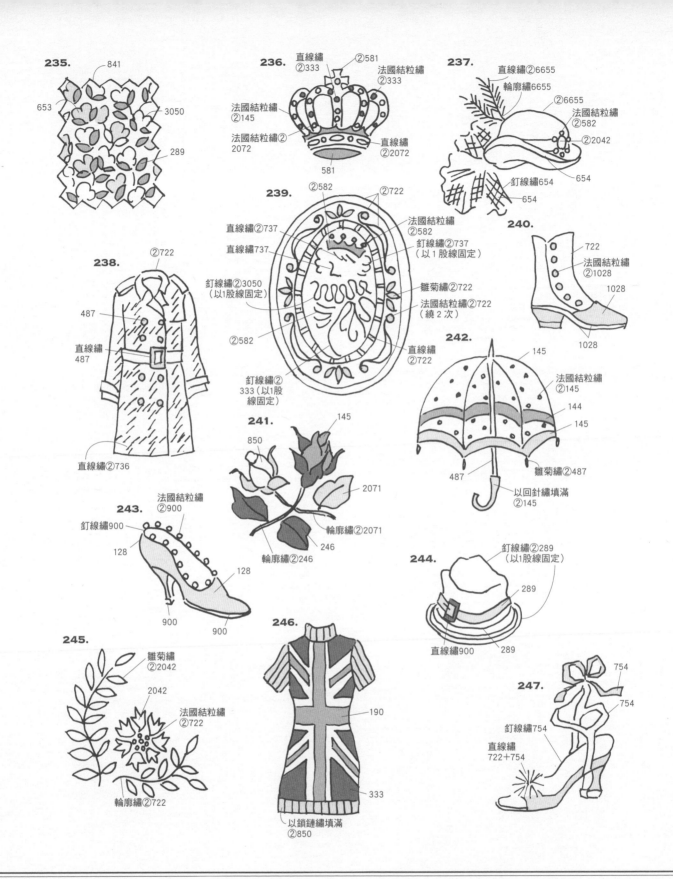

235.
841
653
3050
289

236.
直線繡②333
②581
法國結粒繡②333
法國結粒繡②145
法國結粒繡②2072
直線繡②2072
581

237.
直線繡②6655
輪廓繡6655
②6655
法國結粒繡②582
②2042
釘線繡654
654
654

239.
②582
②722
直線繡②737
直線繡737
釘線繡②3050（以1股線固定）
②582
法國結粒繡②582
釘線繡②737（以1股線固定）
雛菊繡②722
法國結粒繡②722（繞2次）
直線繡②722
釘線繡②333（以1股線固定）

238.
②722
487
直線繡487
直線繡②736

240.
722
法國結粒繡②1028
1028
1028

242.
145
法國結粒繡②145
144
145
雛菊繡②487
487
以回針繡填滿②145

241.
145
850
2071
輪廓繡②2071
246
輪廓繡②246

243.
法國結粒繡②900
釘線繡900
128
128
900
900

244.
釘線繡②289（以1股線固定）
289
直線繡900
289

245.
雛菊繡②2042
2042
法國結粒繡②722
輪廓繡②722

246.
190
333
以鎖鏈繡填滿②850

247.
754
754
釘線繡754
直線繡722+754

經典時尚潮流

Photo ··· p.22-23

248. 841 737

249.
法國結粒繡②423（繞2次）
900
直線繡②423
釦眼繡②423

250. 900
423
487

251. ②841
②487
ROUGH RECORD
487

252. ②486
②900
②486
平針繡②900

253. 長短針繡
輪廓繡
直線繡
※皆以②190繡線進行刺繡。

254. 487 333
直線繡②487
法國結粒繡②487（繞2次）
190
487

255. 繡兩圈回針繡②
※皆以333繡線進行刺繡。

256. 輪廓：回針繡
中：直線繡
※皆以900繡線進行刺繡。

257.
②739+423保持繡線平順，表現出雙色效果。
雛菊繡②739+423保持繡線平順，表現出雙色效果。
直線繡②754
直線繡②246
直線繡②190
雛菊繡②754
鎖鏈繡②739+423保持繡線平順，表現出雙色效果。

258. ②487
900
737
釘線繡②737（以1股線固定）

259.
釘線繡②738（以①841固定）
739
②739

260. ②841
※依自己的喜好分配顏色區塊，以緞面繡739‧190‧501‧754‧288‧3050‧333填滿條紋。

261. ②841
②190
②486

262.
法國結粒繡②423（繞2次）
②423
②487
直線繡②487

數字代表繡線色號。○內數字為指定的繡線股數，除此之外皆取1股線刺繡。若無特別指定針法，皆依循以下通用原則：以回針繡繡製線條、以直線繡填滿圖案區塊、法式結粒繡皆繞1次。

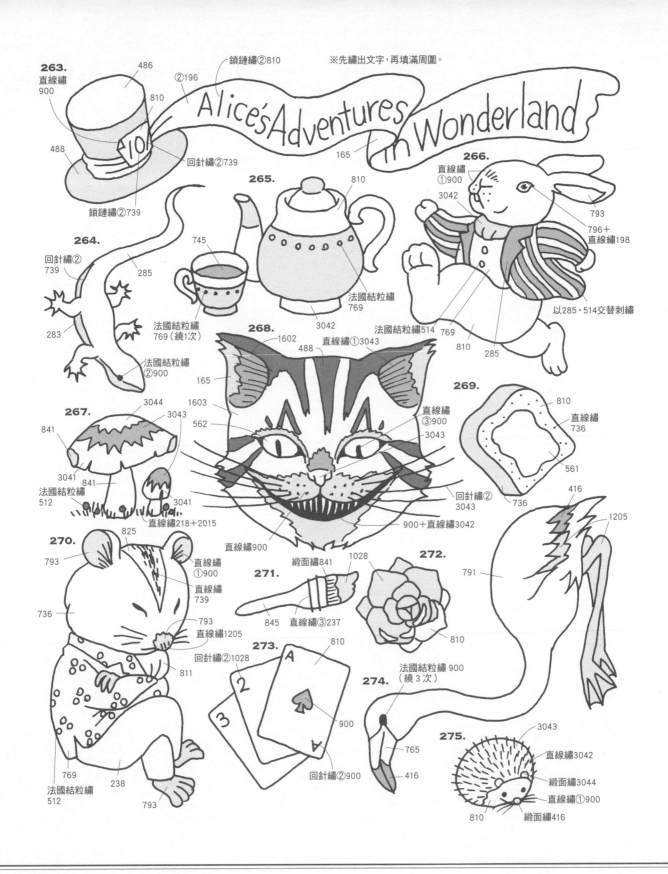

263.
直線繡900
486
②196
鎖鏈繡②810
※先繡出文字，再填滿周圍。
810
488
回針繡②739
鎖鏈繡②739

Alice's Adventures in Wonderland

165

264.
回針繡②739
745
285
283

265.
810
法國結粒繡769
3042

266.
直線繡①900
3042
793
796＋直線繡198
769
810
285
以285・514交替刺繡

法國結粒繡769（繞1次）
法國結粒繡②900

267.
3044
3043
841
841
3041
法國結粒繡512
3041
直線繡218＋2015

268.
1602
488
165
1603
562
直線繡①3043
法國結粒繡514
直線繡③900
3043
269.
810
直線繡736
561
回針繡②3043
736
900＋直線繡3042
直線繡900

270.
825
793
736
直線繡①900
直線繡739
793
直線繡1205
回針繡②1028
811
769
238
法國結粒繡512
793

271.
緞面繡841
1028
272.
845
直線繡③237
810
416
1205
791

273.
810
A
2
3
900
A
回針繡②900

274.
法國結粒繡900（繞3次）
765
416

275.
3043
直線繡3042
緞面繡3044
直線繡①900
810
緞面繡416

愛麗絲夢遊仙境

Photo … p.24-25

276. 眼白：回針繡②850

3042
直線繡
3043
514
回針繡②
900
2015
198

277. 直線繡564
鎖鏈繡⑥564
564
回針繡
②900
直線繡
②900
575
②564
810
731

278.
793
直線繡
①900
810
796＋
直線繡
198
842

279.
204
202
回針繡1029
鎖鏈繡①488
②810
201
眼白：直線繡850
藍眼：緞面繡3043
瞳孔：直線繡900
203
202
204
直線繡201
鎖鏈繡204

280. 745（深色陰影處737）
直線繡①
745＋737
7010
回針繡
①900
791＋
直線繡765
上唇：795
下唇：165
737
810
765
765
741
765
791
791
900
791
法國結粒繡 583＋514
（繞3次）
769
3042

281.
238
564
236
516
直線繡
①900
416
鎖鏈繡
516
1602

282.
3043
564
緞面繡
②900
342
575

283.
法國結粒繡814
811
512
814
回針繡
①900
285
342
回針繡
①900
284
810
564
796
632

284.
3042
3041
514
直線繡
3044
3043
3043
3044
3043

285.
直線繡②900
3044
721
紅眼：回針繡
1029
414
900
416
810
741
900
285
直線繡
①900
810
745
鎖鏈繡
①3043

數字代表繡線色號。〇內數字為指定的繡線股數，除此之外皆取3股線刺繡。全部輪廓線條皆為鎖鏈繡①900。若無特別指定針法，皆依循以下通用原則：以鎖鏈繡填滿圖案區塊、法式結粒繡皆繞2次。

415

288. 845
回針繡824
188 回針繡188
回針繡824

287. 回針繡441 緞面繡441

286. 直線繡①441
緞面繡411

回針繡441

直線繡441

441

289. 441
雛菊繡 127
231 回針繡582
PUB
205
緞面繡441
231
845
回針繡441
回針繡2052
以鎖鏈繡填滿 2052
205

229

回針繡485

直線繡441

365

鎖鏈繡①845
回針繡416
緞面繡845
以輪廓繡填滿205

205

290. 回針繡3835
回針繡843
以鎖鏈繡填滿582

以鎖鏈繡填滿739

291. 緞面繡441
回針繡441
緞面繡190
265
回針繡265
GIN
回針繡441

292. 緞面繡845
回針繡845
直線繡845
緞面繡767

293. 緞面繡416
416
緞面繡581
直線繡416

回針繡582

299. 485 365
Wharf
Store
回針繡365
回針繡485

294. 441
485

296. 回針繡265
緞面繡1053
1053
回針繡265

297. 514
845
回針繡485

298. 845
緞面繡581
190

300. 回針繡190
366 以鎖鏈繡填滿190
UNDERGROUND
回針繡801

緞面繡416

295. 回針繡737
以鎖鏈繡填滿737
745

301. 輪廓：回針繡416
以鎖鏈繡填滿416
緞面繡525+回針繡441
TAXI
輪廓：回針繡①801+緞面繡485
485 鎖鏈繡485
以輪廓繡填滿441
回針繡485

302. 回針繡416
以輪廓繡填滿416
801
緞面繡416
回針繡416
801
鎖鏈繡581
366
回針繡485

倫敦人的日常生活

Photo ⋯ p.26-27

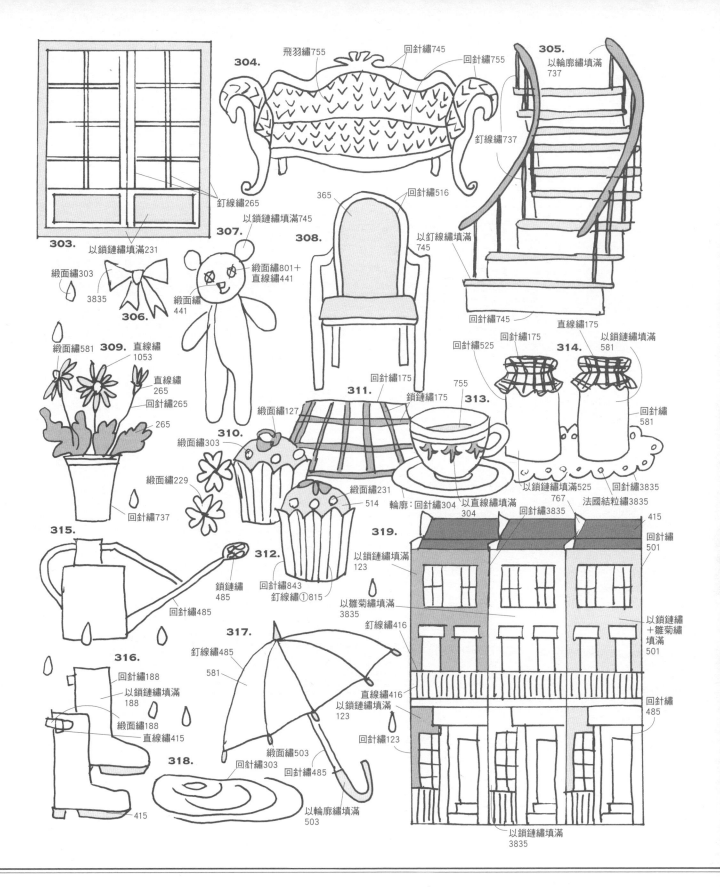

飛羽繡755　回針繡745
304.
回針繡755
305.
以輪廓繡填滿 737

釘線繡737

釘線繡265
303.
以鎖鏈繡填滿231

綢面繡303
3835

307.
以鎖鏈繡填滿745
306.
綢面繡801＋
直線繡441
綢面繡441

365
308.
回針繡516
以釘線繡填滿 745

回針繡745

綢面繡581　309. 直線繡1053
直線繡265
回針繡265
265
回針繡737

綢面繡229
310.
綢面繡303

回針繡175
311.
綢面繡127
綢面繡231
輪廓：回針繡304
514

回針繡525
755
鎖鏈繡175
313.
以直線繡填滿304

直線繡175
314.
以鎖鏈繡填滿581
回針繡581
以鎖鏈繡填滿525　回針繡3835
767　回針繡3835　法國結粒繡3835

315.
鎖鏈繡485
回針繡485

312.
回針繡843
釘線繡①815

319.
以鎖鏈繡填滿123
以雛菊繡填滿3835
釘線繡416
直線繡416
以鎖鏈繡填滿123
回針繡123

415
回針繡501
以鎖鏈繡＋雛菊繡填滿501
回針繡485

316.
回針繡188
以鎖鏈繡填滿188
綢面繡188
直線繡415

317.
釘線繡485
581

綢面繡503
318.
回針繡303　回針繡485
以輪廓繡填滿503

415

以鎖鏈繡填滿3835

數字代表繡線色號。○內數字為指定的繡線股數，除此之外皆取2股線刺繡。若無特別指定針法，皆依循以下通用原則：以輪廓繡繡製線條、以長短針繡填滿圖案區塊、法式結粒繡皆繞2次。

320.
731
回針繡900
回針繡1027
BAKER
STREET. NW1
回針繡①
900
CITY OF WESTMINSTER
回針繡①1027

321.
平針繡
①900
900

324.

325.
WIZARD
回針繡①900
583
196
直線繡
583+196

322.
緞面繡812
812
738

323.
以輪廓繡填滿
③416
輪廓：③738
③738

326.
723
直線繡723
輪廓：回針繡①416
法國結粒繡
900

327.
直線繡
583

330.
900
$9\frac{3}{4}$
416

328.
法國結粒繡
416（繞2次）
緞面繡416
2013
直線繡900
法國結粒繡
900
900
平針繡
900
直線繡900

329.
※顏色&針法
同圖案328。

331.
738
直線繡
900
738

332.
法國結粒繡
488
813
直線繡
583
③733
③813
直線繡488
直線繡583
雛菊繡900

333.
回針繡900
平針繡①900
CHERRYTREELANE

奇幻的異想世界

Photo … p.28-29

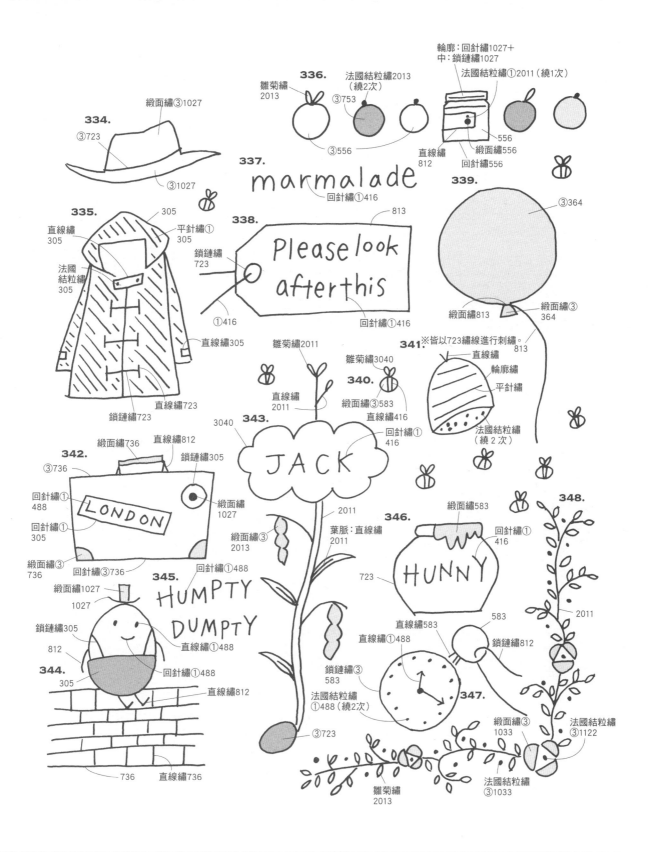

334. 緞面繡③1027
③723
③1027

336. 雛菊繡2013
法國結粒繡2013（繞2次）
③753
③556

輪廓：回針繡1027＋
中：鎖鏈繡1027
法國結粒繡①2011（繞1次）
556
緞面繡556
回針繡556
直線繡812

337. *marmalade*
回針繡①416

335. 305
直線繡305
平針繡①305
法國結粒繡305
直線繡305
直線繡723
鎖鏈繡723

338. 813
鎖鏈繡723
Please look after this
①416
回針繡①416

339. ③364
緞面繡813
緞面繡③364
813

341. ※皆以723繡線進行刺繡。
直線繡
輪廓繡
平針繡
法國結粒繡（繞2次）

雛菊繡2011
直線繡2011
3040

340. 雛菊繡3040
緞面繡③583
直線繡416
回針繡①416

343. JACK
2011
葉脈：直線繡2011

342. 緞面繡736
直線繡812
③736
鎖鏈繡305
回針繡①488
回針繡①305
緞面繡③1027
緞面繡③736
回針繡③736
回針繡①488

緞面繡③2013

346. 緞面繡583
回針繡①416
HUNNY
723

348. 2011

直線繡583
583
鎖鏈繡812

345. HUMPTY DUMPTY
緞面繡1027 1027
鎖鏈繡305
812
直線繡①488
回針繡①488
344. 305
直線繡812
736
直線繡736

直線繡①488
鎖鏈繡③583
法國結粒繡①488（繞2次）
③723

347.

緞面繡③1033
法國結粒繡③1122
法國結粒繡③1033
雛菊繡2013

數字代表繡線色號。○內數字為指定的繡線股數，除此之外皆取2股線刺繡。若無特別指定針法，皆依循以下通用原則：以輪廓繡繡製線條、以鎖鏈繡填滿圖案區塊、法式結粒繡皆繞3次。

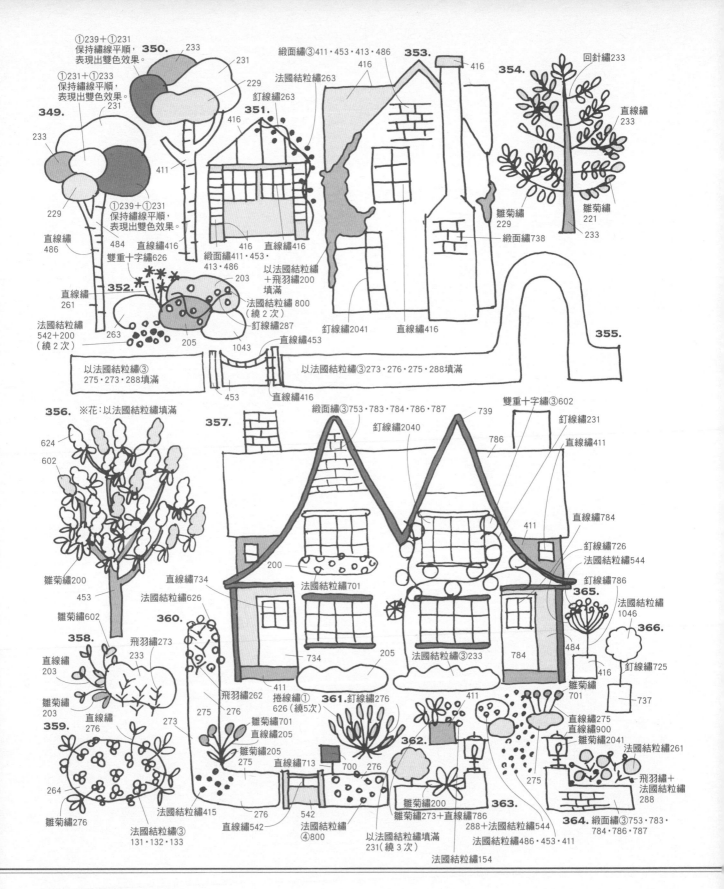

①239+①231
保持繡線平順，
表現出雙色效果。

①231+①233
保持繡線平順，
表現出雙色效果。

350.
233
231
229
釘線繡263

349.
233
231

229

直線繡
486
484
直線繡416
雙重十字繡626
352.
直線繡
261
法國結粒繡
542+200
（繞2次）
263
205

351.
416
綴面繡411・453・
413・486
416
直線繡416

203
以法國結粒繡
＋飛羽繡200
填滿
法國結粒繡800
（繞2次）
釘線繡287
1043

綴面繡③411・453・413・486
416
353.
法國結粒繡263
416

以法國結粒繡③
275・273・288填滿
釘線繡2041
直線繡416

直線繡453
以法國結粒繡③273・276・275・288填滿
453
直線繡416

回針繡233
354.
直線繡
233

雛菊繡
229
綴面繡738

雛菊繡
221
233

355.

356. ※花：以法國結粒繡填滿
624
602

雛菊繡200
453

雛菊繡602

358.
直線繡
203
雛菊繡
203

359.
264
雛菊繡276

357.
綴面繡③753・783・784・786・787
釘線繡2040
739
雙重十字繡③602
786
釘線繡231
直線繡411

411
直線繡734
法國結粒繡626
200
法國結粒繡701

直線繡784
釘線繡726
法國結粒繡544
釘線繡786

365.
法國結粒繡
1046
484
366.
釘線繡725

360.
飛羽繡273
233
飛羽繡262
捲線繡①
626（繞5次）
雛菊繡701
直線繡205
雛菊繡205
275
275
276
273
法國結粒繡415

361.釘線繡276

直線繡713
700 276
直線繡542
542
法國結粒繡
④800

734
205
411
法國結粒繡③233
784

362.
雛菊繡200
雛菊繡273＋直線繡786
288＋法國結粒繡544
以法國結粒繡填滿
231（繞3次）
法國結粒繡154

363.
411
411
275
直線繡275
直線繡900
雛菊繡2041
法國結粒繡261
飛羽繡＋
法國結粒繡
288

416
737

364.綴面繡③753・783・
784・786・787
法國結粒繡486・453・411

法國結粒繡③
131・132・133

英式花園
Photo … p.30-31

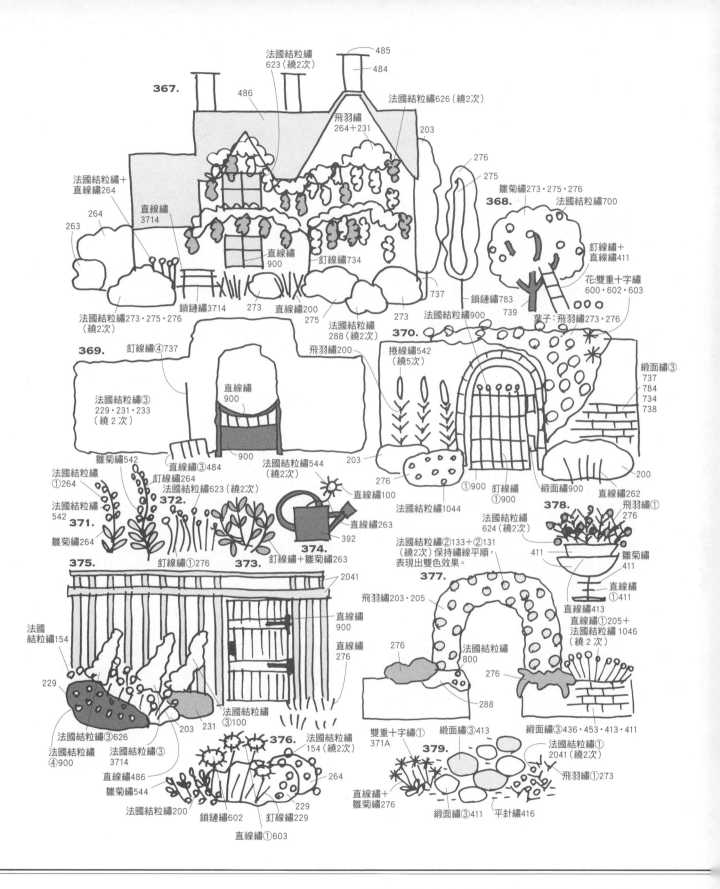

数字代表繡線色號。○內數字為指定的繡線股數，除此之外皆取2股
線刺繡。若無特別指定針法，皆依循以下通用原則：以鎖鏈繡繡製線
條＆填滿圖案區塊、法式結粒繡皆繞1次。

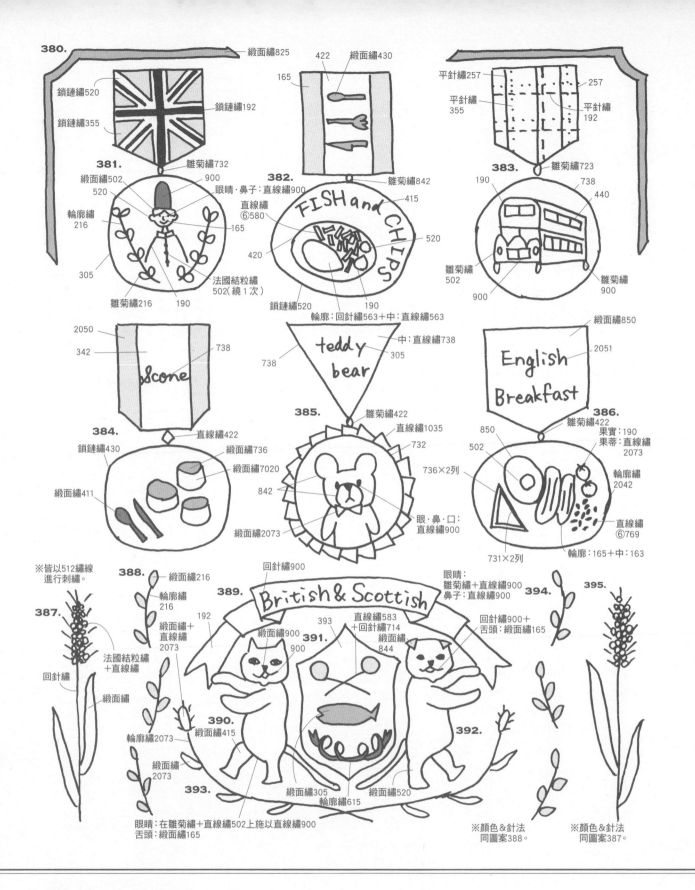

380.
鎖鏈繡520
鎖鏈繡355
緞面繡825
鎖鏈繡192

381.
緞面繡502
520
900
輪廓繡216
305
雛菊繡732
雛菊繡216
190
法國結粒繡502(繞1次)

382.
165
422
緞面繡430
雛菊繡842
FISH and CHIPS
眼睛・鼻子：直線繡900
直線繡⑥580
415
520
420
鎖鏈繡520
190
輪廓：回針繡563+中：直線繡563

383.
平針繡257
平針繡355
257
平針繡192
雛菊繡723
190
738
440
雛菊繡502
雛菊繡900
900

384.
2050
342
738
scone
鎖鏈繡430
直線繡422
緞面繡736
緞面繡7020
842
緞面繡411
緞面繡2073

385.
中：直線繡738
teddy bear
738
305
雛菊繡422
直線繡1035
732
736×2列
842
眼・鼻・口：直線繡900

386.
緞面繡850
2051
English Breakfast
850
502
雛菊繡422
果實：190
果蒂：直線繡2073
輪廓繡2042
直線繡⑥769
731×2列
輪廓：165+中：163

387.
※皆以512繡線進行刺繡。
回針繡
緞面繡

388.
緞面繡216
輪廓繡216
192
緞面繡+直線繡2073
法國結粒繡+直線繡
輪廓繡2073
緞面繡2073

389.
回針繡900
British & Scottish
393
緞面繡900
900

390.
緞面繡415

391.
直線繡583+回針繡714
緞面繡844

392.

393.
眼睛：在雛菊繡+直線繡502上施以直線繡900
舌頭：緞面繡165
緞面繡305
輪廓繡615
緞面繡520

394.
眼睛：雛菊繡+直線繡900
鼻子：直線繡900
回針繡900+舌頭：緞面繡165

395.

※顏色&針法同圖案388。

※顏色&針法同圖案387。

可愛的徽章圖案

Photo … p.32-33

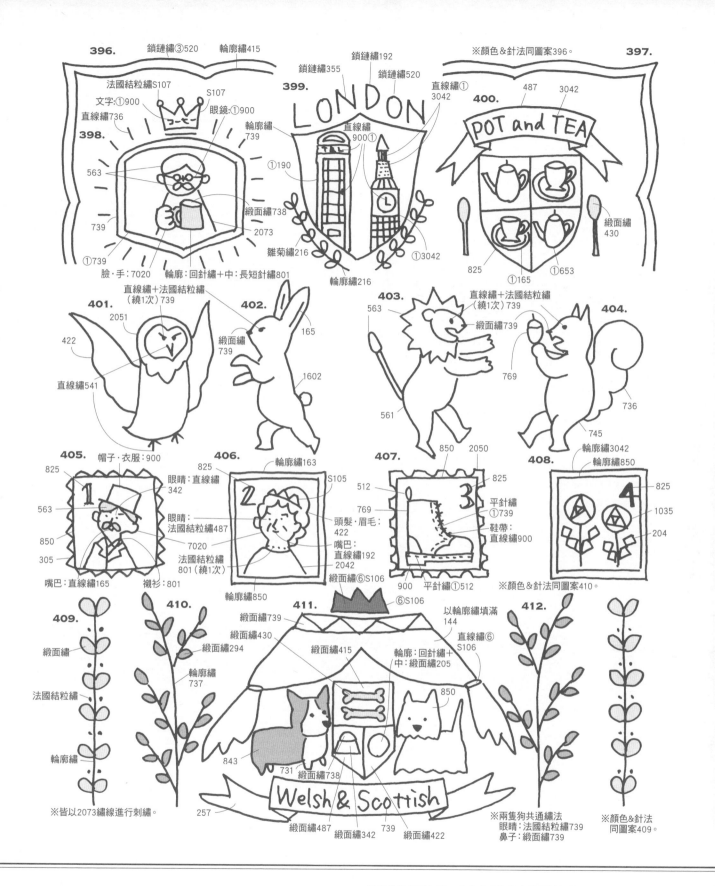

396.
鎖鏈繡③520
輪廓繡415

法國結粒繡S107
文字:①900　S107
直線繡736　眼鏡:①900
398.
輪廓繡739
563
①190
739
①739
2073
緞面繡738
臉‧手:7020
輪廓:回針繡+中:長短針繡801

399.
鎖鏈繡355
鎖鏈繡192
鎖鏈繡520
LONDON
直線繡①3042
直線繡900①
①3042
雛菊繡216
輪廓繡216

397.
※顏色&針法同圖案396。

400.
487　3042
POT and TEA
緞面繡430
825　①165　①653

401.
直線繡+法國結粒繡（繞1次）739
2051
422
直線繡541

402.
緞面繡739
165
1602

403.
563
直線繡+法國結粒繡（繞1次）739
緞面繡739
561
850　2050
825

404.
769
736
745
輪廓繡3042
輪廓繡850

405.
帽子‧衣服:900
825
563
850
305
嘴巴:直線繡165　襯衫:801

406.
825
輪廓繡163
S105
眼睛:直線繡342
眼睛:法國結粒繡487
7020
頭髮‧眉毛:422
嘴巴:直線繡192
2042
緞面繡⑥S106
法國結粒繡801（繞1次）
輪廓繡850

407.
512
769
900
平針繡①512
平針繡①739
鞋帶:直線繡900

408.
825
1035
204
※顏色&針法同圖案410。

409.
緞面繡
法國結粒繡
輪廓繡
※皆以2073繡線進行刺繡。

410.
緞面繡739
緞面繡430
緞面繡294
輪廓繡737

411.
⑥S106
緞面繡415
輪廓:回針繡+中:緞面繡205
850
以輪廓繡填滿144
直線繡⑥S106
843
731
緞面繡738
Welsh & Scottish
257
緞面繡487　緞面繡342　739　緞面繡422
※兩隻狗共通繡法
眼睛:法國結粒繡739
鼻子:緞面繡739

412.
※顏色&針法同圖案409。

數字代表繡線色號。○內數字為指定的繡線股數，除此之外皆取2股線刺繡。若無特別指定針法，皆依循以下通用原則:以回針繡繡製線條、以長短針繡填滿圖案區塊、法式結粒繡皆繞2次。

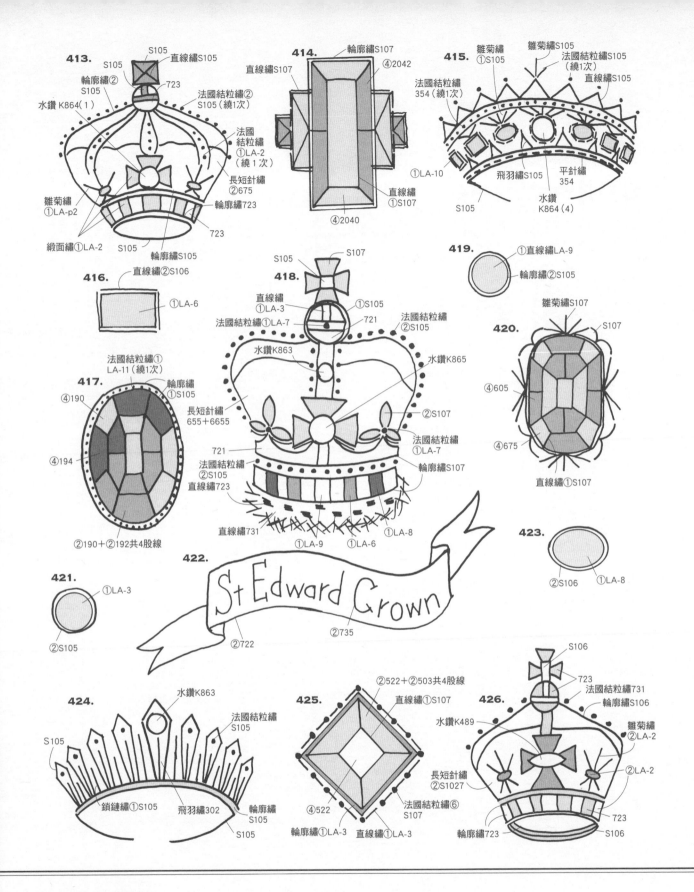

413.
S105
直線繡S105
S105
723
輪廓繡②S105
法國結粒繡②S105（繞1次）
水鑽K864(1)
法國結粒繡①LA-2（繞1次）
長短針繡②675
雛菊繡①LA-p2
輪廓繡723
緞面繡①LA-2
S105
輪廓繡S105
723

414.
輪廓繡S107
直線繡S107
④2042
①LA-10
直線繡①S107
④2040

415.
雛菊繡①S105
雛菊繡S105
法國結粒繡S105（繞1次）
法國結粒繡354（繞1次）
直線繡S105
①LA-10
飛羽繡S105
平針繡354
S105
水鑽K864(4)

416.
直線繡②S106
①LA-6

417.
法國結粒繡①LA-11（繞1次）
輪廓繡①S105
④190
④194
②190＋②192共4股線

418.
S105
S107
直線繡①LA-3
①S105
法國結粒繡①LA-7
721
法國結粒繡②S105
水鑽K863
水鑽K865
長短針繡655＋6655
②S107
721
法國結粒繡②S105
法國結粒繡①LA-7
直線繡723
輪廓繡S107
直線繡731
①LA-9
①LA-6
①LA-8

419.
①直線繡LA-9
輪廓繡②S105

420.
雛菊繡S107
S107
④605
④675
直線繡①S107

421.
①LA-3
②S105

422.
St Edward Crown
②722
②735

423.
②S106
①LA-8

424.
水鑽K863
法國結粒繡S105
S105
鎖鏈繡①S105
飛羽繡302
輪廓繡S105
S105

425.
②522＋②503共4股線
直線繡①S107
④522
輪廓繡①LA-3
直線繡①LA-3
法國結粒繡⑥S107

426.
S106
723
法國結粒繡731
輪廓繡S106
水鑽K489
雛菊繡②LA-2
長短針繡②S1027
②LA-2
723
輪廓繡723
S106

王冠＆鑽冕

Photo … p.34-35

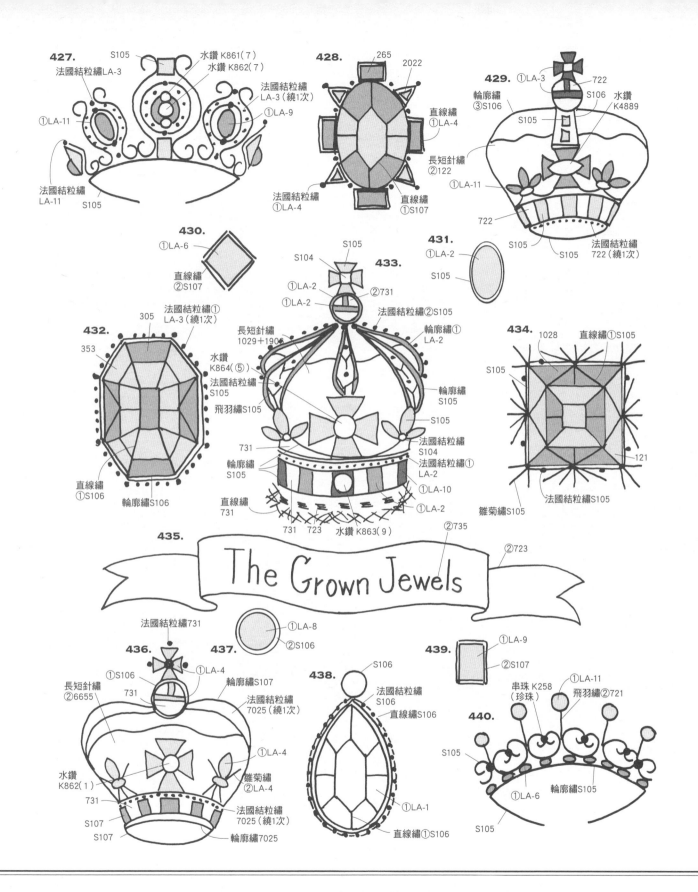

427.
S105
水鑽 K861（7）
水鑽 K862（7）
法國結粒繡LA-3
①LA-11
①LA-9
法國結粒繡 LA-3（繞1次）
法國結粒繡 LA-11
S105

428.
265
2022
直線繡 ①LA-4
長短針繡 ②122
法國結粒繡 ①LA-4
直線繡 ①S107

429.
①LA-3
722
輪廓繡 ③S106
S106
水鑽 K4889
S105
①LA-11
722
S105
S105
法國結粒繡 722（繞1次）

430.
①LA-6
直線繡 ②S107

431.
①LA-2
S105

432.
305
353
法國結粒繡① LA-3（繞1次）
直線繡 ①S106
輪廓繡S106

433.
S105
S104
①LA-2
②731
①LA-2
法國結粒繡②S105
長短針繡 1029＋1906
水鑽 K864（⑤）
法國結粒繡 S105
飛羽繡S105
輪廓繡① LA-2
輪廓繡 S105
S105
S104
法國結粒繡①
法國結粒繡① LA-2
①LA-10
731
輪廓繡 S105
①LA-2
直線繡 731
直線繡 731
731   723   水鑽 K863（9）

434.
1028
直線繡①S105
S105
121
雛菊繡S105
法國結粒繡S105

435.
②735
②723

The Grown Jewels

法國結粒繡731
①LA-8
②S106

436.
①S106
①LA-4
731
輪廓繡S107
長短針繡 ②6655
法國結粒繡 7025（繞1次）
①LA-4
水鑽 K862（1）
雛菊繡 ②LA-4
731
S107
S107
法國結粒繡 7025（繞1次）
輪廓繡7025

437.

438.
S106
法國結粒繡 S106
直線繡S106
①LA-1
直線繡①S106

439.
①LA-9
②S107

440.
串珠 K258（珍珠）
①LA-11
飛羽繡②721
S105
輪廓繡S105
①LA-6
S105

數字代表繡線色號。○內數字為指定的繡線股數，除此之外皆取3股線刺繡。若無特別指定針法，皆依循以下通用原則：以回針繡繡製線條、以緞面繡填滿圖案區塊、法式結粒繡皆繞2次。水鑽＆串珠／MIYUKI。

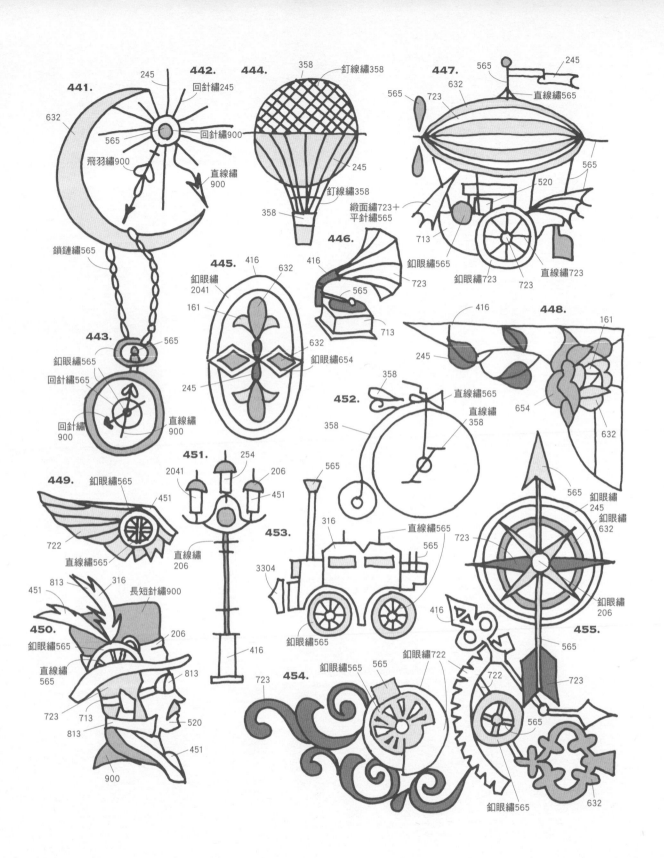

441.
245
回針繡245
442.
444.
358
釘線繡358
447.
565
245
632
565
632
直線繡565
723
565
直線繡
900
飛羽繡900
565
245
釘線繡358
358
565
綴面繡723＋
平針繡565
520
鎖鏈繡565
358
446.
416
416
713
釘眼繡565
445.
釘眼繡
2041
632
565
釘眼繡723
直線繡723
723
723
443.
565
161
632
723
釘眼繡565
713
632
448.
416
回針繡565
245
釘眼繡654
161
直線繡565
回針繡
900
245
直線繡
900
358
654
452.
358
直線繡
358
632
451.
254
2041
206
449.
釘眼繡565
451
451
565
565
565
直線繡565
釘眼繡
245
釘眼繡
632
722
316
直線繡565
316
直線繡
206
直線繡565
453.
直線繡565
565
565
釘眼繡
206
450.
813
451
813
3304
723
釘眼繡565
長短針繡900
206
釘眼繡565
455.
直線繡
565
813
723
釘眼繡722
565
722
565
723
713
520
釘眼繡565
565
454.
723
釘眼繡565
565
565
723
813
451
900
釘眼繡565
632

蒸汽龐克
Photo … p.36-37

456. 直線繡722
722
722
直線繡565
釦眼繡722
565
565
直線繡813

459. 900
回針繡900
712
直線繡712
712
712
釦眼繡712
900
520
釦眼繡723
直線繡900

458. 565

457.
813
565
釦眼繡813
釦眼繡565

460. 206
722
釦眼繡565

463. 722
回針繡900
722
813
2041
254

565
722
直線繡416
813
416
直線繡722
813
722
直線繡722
釦眼繡565

※皆以721繡線進行刺繡。
輪廓繡
釦眼繡
565

※皆以723繡線進行刺繡。
461. 釦眼繡
飛羽繡
鎖鏈繡
輪廓繡

462.
316
900
161
520
721
722
釦眼繡813
在雛菊繡中間加上直線繡813
416
回針繡565
直線繡565
釦眼繡722
722
900

464.
416
723
416

465.
回針繡900

467.
1029
釦眼繡1029

釦眼繡721
655
206
813
520
813

468.
632
451

469.

466. 813
565
回針繡900
712
900
565
206

254
釦眼繡161
釦眼繡813
316
釦眼繡416
1029
723
900

470.
206
451
釦眼繡451
722
釦眼繡565
721

數字代表繡線色號。全部皆取2股線刺繡。若無特別指定針法,皆依
循以下通用原則:以輪廓繡繡製線條、以緞面繡填滿圖案區塊。

77

古典芭蕾

Photo … p.38-39

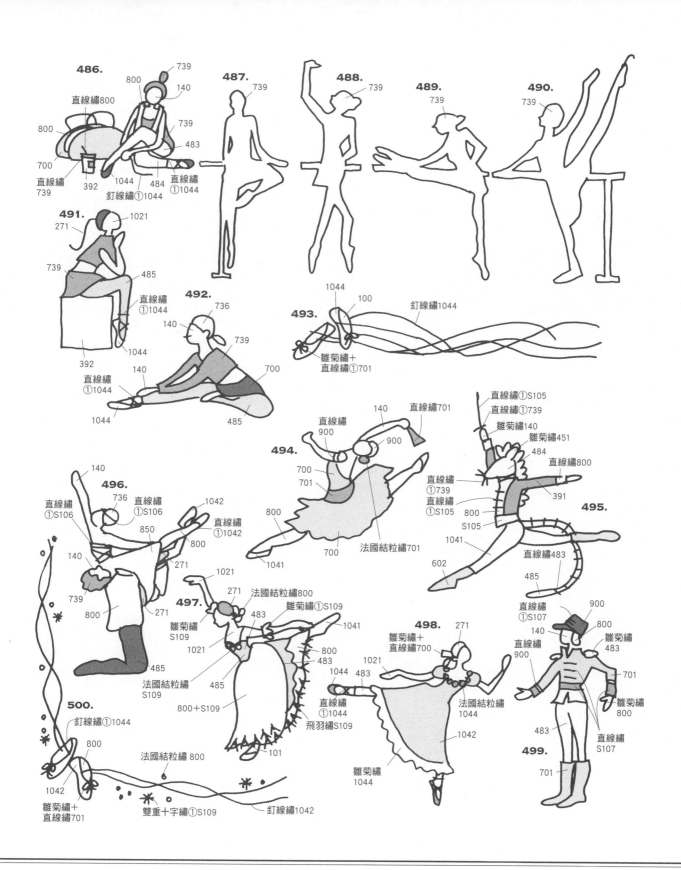

486.
800
739
140
直線繡800
800
739
700
483
直線繡
739
392
1044
484
直線繡
①1044
釘線繡①1044

487.
739

488.
739

489.
739

490.
739

491.
1021
271
739
485
直線繡
①1044
1044
392

492.
736
140
739
140
700
直線繡
①1044
1044
485

493.
1044
100
釘線繡1044
雛菊繡＋
直線繡①701

494.
140
直線繡701
直線繡
900
900
700
701
800
1041
700
法國結粒繡701

直線繡①S105
直線繡①739
雛菊繡140
雛菊繡451
484
直線繡800
直線繡
①739
391
直線繡
①S105
800
S105
1041
602
485
495.
直線繡483
485

496.
736
直線繡
①S106
直線繡
①S106
1042
850
直線繡
①1042
800
271
140
1021
739
271
800
271
485

497.
271
法國結粒繡800
483
雛菊繡①S109
雛菊繡
S109
1041
1021
800
483
1044
485
直線繡
①1044
飛羽繡S109
800+S109
101

498.
271
雛菊繡＋
直線繡700
1021
483
1044
法國結粒繡
1044
1042
雛菊繡
1044

499.
直線繡
①S107
900
140
800
直線繡
900
雛菊繡
483
701
雛菊繡
800
483
直線繡
S107
701

500.
釘線繡①1044
800
1042
雛菊繡＋
直線繡701
法國結粒繡800
雙重十字繡①S109
釘線繡1042

數字代表繡線色號。○內數字為指定的繡線股數，除此之外皆取2股線刺繡。若無特別指定針法，皆以鎖鏈繡進行刺繡。法式結粒繡皆繞1次。

國家圖書館出版品預行編目(CIP)資料

英倫風手繪感可愛刺繡500選 / E & G Creates授權；
黃盈琪譯. -- 初版. -- 新北市：新手作出版：悅智文化
發行, 2019.08
　　面；　公分. -- (趣.手藝；99)
ISBN 978-957-9623-41-4(平裝)

1.刺繡 2.手工藝

426.2　　　　　　　　　　　　　　108011588

胸針的製作方法 … p.4

①沿著刺繡的輪廓裁布。
②將別針縫在粗裁的不織布背面。
③以黏膠將①貼在②上，再沿著①的輪廓修剪不織布。

趣·手藝 **99**

英倫風手繪感可愛刺繡500選

授　　　權／E & G Creates
攝　　　影／黃盈琪
發 行 人／詹慶和
總 編 輯／蔡麗玲
執行編輯／陳姿伶
編　　　輯／蔡毓玲・劉蕙寧・黃璟安・陳昕儀
執行美編／周盈汝
美術編輯／陳麗娜・韓欣恬
出 版 者／Elegant-Boutique新手作
發 行 者／悅智文化事業有限公司　郵政劃撥帳號／19452608
戶　　　名／悅智文化事業有限公司
地　　　址／220新北市板橋區板新路206號3樓
網　　　址／www.elegantbooks.com.tw
電子郵件／elegant.books@msa.hinet.net
電　　　話／(02)8952-4078
傳　　　真／(02)8952-4084

2019年8月初版一刷　定價380元

"KANTAN! KAWAII IGIRISU LONDON NO SHISHU 500"
Copyright © E & G Creates Co., Ltd. 2017
All rights reserved.
Original Japanese edition published by E & G Creates Co., Ltd.
This Traditional Chinese edition published by arrangement with E & G Creates
Co., Ltd., Tokyo in care of Tuttle-Mori Agency, Inc., Tokyo through Keio Cultural
Enterprise Co., Ltd., New Taipei City.

經銷／易可數位行銷股份有限公司
地址／新北市新店區寶橋路235巷6弄3號5樓
電話／(02)8911-0825　傳真／(02)8911-0801

版權所有・翻印必究

Staff

書籍設計	原てるみ　野呂 翠（mill design studio）	
攝影	小塚恭子（作品、基礎p.46）	
	本間伸彦（基礎p.40至45、p.47）	
樣式（Styling）	川村繭美	
作品設計	石井寬子　大角羊子　岡村奈緒　おぐらみこ	
	北村絵里　笹尾多恵　中出沙織	
	成瀬やよい（つれび工房）　Nitka　ポコルテポコチル	
	ロッテリコ　渡部友子	
描圖（Trace）	レシピア	
企劃・編輯	E&G Creates（薮 明子）　坂本典子	

攝影協力

AWABEES
〒151-0051　東京都渋谷区千駄ヶ谷3-50-11 明星ビルディング5F

UTUWA
〒151-0051　東京都渋谷区千駄ヶ谷3-50-11 明星ビルディング1F

＊本書作品使用的布料&繡線。

・Olympus繡線（25號）
・Olympus Shiny Reflector金屬繡線
・Olympus手工用金屬線
・Olympus No.6500刺繡布

Olympus製絲株式会社
〒461-0018　愛知県名古屋市東区主税町4-92
http://www.olympus-thread.com

＊繡線顏色經印刷呈現，與實際顏色可能略有差異。

趣・手藝 41

Q萌玩偶出沒注意！
輕鬆手作112隻療癒系の可愛不
織布動物
BOUTIQUE-SHA◎授權
定價280元

趣・手藝 42

【完整教學圖解】
摺×疊×剪×刻4步驟完成120
款美麗剪紙
BOUTIQUE-SHA◎授權
定價280元

趣・手藝 43

9 位人氣作家可愛發想大集合
每天都想使用的萬用橡皮章圖
案集
BOUTIQUE-SHA◎授權
定價280元

趣・手藝 44

動物系人氣手作！
DOGS ＆ CATS・可愛の掌心
貓貓動物偶
須佐沙知子◎著
定價300元

趣・手藝 45

初學者の第一本UV膠飾品教科書
從初學到進階！製作超人氣作
品の完美小祕訣Aii in one！
熊崎堅一◎監修
定價350元

趣・手藝 46

定食、麵包、拉麵、甜點、擬真
度100%！輕鬆手作1/12の微型樹
脂土美食76道（暢銷版）
ちょぐ子◎著
定價320元

趣・手藝 47

全齡OK！親子同樂腦力遊戲完
全版・翻味趣王遊大全集
野口廣◎監修
主婦之友社◎授權
定價399元

趣・手藝 48

牛奶盒作の！美麗布盒設計60選
清爽收納x空間點綴の好點子
BOUTIQUE-SHA◎授權
定價280元

趣・手藝 50

CANDY COLOR TICKET
超可愛の糖果系透明樹脂x樹脂
土甜點飾品
CANDY COLOR TICKET◎著
定價320元

趣・手藝 49

原來是黏土！MARUGOの彩色
多肉植物日記：自然素材・風
格雜貨・造型盆器懶人在家
也能作の經典多肉植物黏土
ZAKKA 27
丸子（MARUGO）◎著
定價350元

趣・手藝 51

Rose window美麗&透光：玫瑰
窗對稱剪紙
平田朝子◎著
定價280元

趣・手藝 52

玩黏土・作陶器！可愛北歐風
別針77選
BOUTIQUE-SHA◎授權
定價280元

趣・手藝 53

New Open・開心玩！開一間超
人氣の不織布甜點屋
堀内さゆり◎著
定價280元

趣・手藝 54

Paper・Flower・Gift：小清新
生活美學・可愛の立體剪紙彩
飾四季帖
くまだまり◎著
定價280元

趣・手藝 55

每日の趣味・剪開信封輕鬆手作
紙雜貨你一定會作的N個可愛
版紙藝創作
宇田川一美◎著
定價280元

趣・手藝 56

可愛限定！KIM'S 3D不織布動
物遊樂園（暢銷精選版）
陳春金・KIM◎著
定價320元

趣・手藝 57

家家酒開店指南：不織布の幸
福料理日誌
BOUTIQUE-SHA◎授權
定價280元

趣・手藝 58

花・葉・果實の立體刺繡書
以繡線勾勒輪廓・繡製出漸層
色彩的立體花朵
アトリエ Fil◎著
定價280元

趣・手藝 59

黏土×環氧樹脂・袖珍食物＆
微型店舖230選
Plus 11間商店街店舖造景教學
大野幸子◎著
定價350元

趣・手藝 60

可愛到不行的不織布點心
（暢銷新裝版）
寺西恵里子◎著
定價280元

趣・手藝 61

雜貨迷超愛的木器彩繪練習本
20位人氣作家×5大季節主
題・一本學會就上手
BOUTIQUE-SHA◎授權
定價350元

趣・手藝 62

不織布Q手作：超萌狗狗總動員！
陳春金・KIM◎著
定價350元

趣・手藝 63

晶瑩剔透迷人的！熱縮片飾
品創作集
一本OK！完整學會熱縮片的
著色、造型、應用技巧……
NanaAkua◎著
定價350元

趣・手藝 64

開心玩黏土！MARUGO彩色多
肉植物日記2
懶人派經典多肉植物＆盆組小
花園
丸子（MARUGO）◎著
定價350元

趣・手藝 65

一學就會の立體浮雕刺繡可愛
圖案集
Stumpwork基礎實作：填充物
＋懸浮式技巧全圖解公開！
アトリエ Fil◎著
定價320元

趣・手藝 66

家用烤箱OK！一試就會作的陶
土胸針＆造型小物
BOUTIQUE-SHA◎授權
定價280元

趣・手藝 67

從可愛小圖開始學縫十字繡
格子×玩填色×特色圖案900+
大圖まこと◎著
定價280元

趣・手藝 68

超質感、繽紛又可愛的UV膠飾
品Best37：開心玩×簡單作・
手作女孩的加分飾品不NG初挑
戰！
張家慧◎著
定價320元

趣·手藝 69

清新·自然～
刺繡人最愛的花
草模樣手繡帖
點與線模樣製作所 岡理惠子◎著
定價320元

趣·手藝 70

軟"QQ"襪子娃娃
陳春金·KIM◎著
定價350元

趣·手藝 71

袖珍屋の料理廚房：黏土作的
迷你人氣甜點＆美食best82
ちょび子◎著
定價320元

趣·手藝 72

可愛北歐風の小巾刺繡：47個
簡單好作的日常小物
BOUTIUQE-SHA◎授權
定價280元

趣·手藝 73

袖珍模型
麵包雜貨
不能吃の～袖珍模型麵包雜
貨：閒得到麵包香喔！不玩黏
土、搓麵糰！
ぱんころもち·カリーノぱん◎合著
定價280元

趣·手藝 74

小小廚師の
不織布料理教室
BOUTIQUE-SHA◎授權
定價300元

趣·手藝 75

親手作寶貝的好可愛圍兜兜
基本款·外出款·時尚款·趣
味款·功能款·穿搭變化一極
棒！
BOUTIQUE-SHA◎授權
定價320元

趣·手藝 76

俏皮的不織布
動物造型小物
手縫俏皮的
不織布動物造型小物
やまとゆか◎著
定價280元

趣·手藝 77

袖珍甜點黏土手作課
超可愛的迷你size！
袖珍甜點黏土手作課
関口真優◎著
定價350元

趣·手藝 78

超大朵紙花設計集
華麗的盛放！
超大朵紙花設計集
空間＆櫥窗陳列·婚禮＆派對
布置·特色攝影必備！
MEGU (PETAL Design)◎著
定價380元

趣·手藝 79

手工立體卡片
收到會微笑！
讓人超暖心の手工立體卡片
鈴木孝美◎著
定價320元

趣·手藝 80

黏土小鳥
手捏胖嘟嘟×圓滾滾の
黏土小鳥
ヨシオミドリ◎著
定價350元

趣·手藝 81

UV膠＆熱縮片飾品120選
無限可愛の
UV膠＆熱縮片飾品120選
キムラプレミアム◎著
定價320元

趣·手藝 82

超對機摩の UV膠飾品100選
絕對簡單の
UV膠飾品100選
キムラプレミアム◎著
定價320元

趣·手藝 83

可愛趣味摺紙畫
寶貝最愛的
可愛造型趣味摺紙畫：
動物手指動動腦×
一邊摺一邊玩
いしばし なおこ◎著
定價280元

趣·手藝 84

簡單手縫可愛的
不織布動物玩偶
超精選！有131隻喔！
簡單手縫可愛的
不織布動物玩偶
BOUTIQUE-SHA◎授權
定價300元

趣·手藝 85

三角摺紙趣味手作
靈活指尖＆想像力！
百變立體造型の
三角摺紙趣味手作
岡田郁子◎著
定價300元

趣·手藝 86

玩偶の不織布手作遊戲
暖萌！
玩偶の不織布手作遊戲
BOUTIQUE-SHA◎授權
定價300元

趣·手藝 87

84款不織布造型偶
超可愛手作課！
輕鬆手縫84個不織布造型偶
たちばなみよこ◎著
定價320元

趣·手藝 88

黏土動物同樂會
集合囉！
超可愛的黏土動物同樂會
幸福豆手創館(胡瑞娟 Regin)◎著
定價350元

趣·手藝 89

換裝娃娃×動物摺紙
超可愛！
換裝娃娃×動物摺紙58變
いしばし なおこ◎著
定價300元

趣·手藝 90

捲筒紙芯變花樣
捲筒紙芯變花樣
剪一剪＆捏一捏，
紙捲花開了！
阪本あやこ◎著
定價300元

趣·手藝 91

動物系黏土迴力車
可愛瘋狂襲！
超簡單！動物系黏土迴力車
幸福豆手創館(胡瑞娟 Regin)◎著權
定價320元

趣·手藝 92

超可愛鄉村風黏土娃娃
Petty's手作私人誌：
超可愛鄉村風黏土娃娃
蔡青芬◎著
定價350元

趣·手藝 93

手繪植物風橡皮章應用圖帖
HUTTE.◎著
定價350元

趣·手藝 94

小刺繡圖案 300+
清新＆可愛小刺繡圖案300+：
一起來繡花朵·小動物·日常
雜貨喔！
BOUTIQUE-SHA◎授權
定價320元

趣·手藝 95

職人の手捏黏土和菓子
甜在心·剛剛好×精緻可愛！
MARUGO教你作職人の
手捏黏土和菓子
丸子(MARUGO)◎著
定價350元

趣·手藝 96

童話Q版の可愛動物不織布玩偶
有119隻喔！童話Q版の可愛
動物不織布玩偶
BOUTIQUE-SHA◎授權
定價300元

趣·手藝 97

Paper Quilling
大人的優雅捲紙花
大人的優雅捲紙花：輕鬆上
手！基本技法＆配色要點一次
學會！
なかたにもとこ◎著
定價350元

趣·手藝 98

立體の組合式摺紙彩球設計24例
色彩×幾何大挑戰！立體の組
合式摺紙彩球設計24例
BOUTIQUE-SHA◎授權
定價350元